高等职业教育"岗课赛证"融通系列教材

园林绿化工程

徐一斐　庾庐山　吴小业　主编

化学工业出版社

北京

内容简介

本书根据园林绿化工程岗位工作特点，以职业能力培养为根本出发点，采用模块化的编写方式编写，共分6个模块：职业岗位概述、园林工程施工图识图与制图、园林绿地土方工程、园林给排水工程、园林植物种植技术、职业技能知识题库。全书理论结合实践，通过现场施工实例，图文并茂地为园林绿化工程技术员提供指导和参考，使之直观掌握必备的工作流程、规范和技术技能。书中设置了8套能力训练习题，并配有答案。模块后添加了3个附录内容，即附录1长江以南地区常用园林植物（188种）生态习性和园林用途一览表、附录2庭院景观工程质量控制表、附录3景观绿化工程施工组织设计示范案例，便于读者高效查找岗位必备知识，快速掌握园林绿化工程相关技能。

本书可作为园林技术、园林工程技术、风景园林设计等相关专业教材，也可供园林园艺工作者、兴趣爱好者参考阅读。

图书在版编目（CIP）数据

园林绿化工程/徐一斐，庾庐山，吴小业主编．—北京：化学工业出版社，2023.12
高等职业教育"岗课赛证"融通系列教材
ISBN 978-7-122-44247-5

Ⅰ.①园… Ⅱ.①徐… ②庾… ③吴… Ⅲ.①园林-绿化-工程管理-高等职业教育-教材 Ⅳ.①TU986.3

中国国家版本馆CIP数据核字（2023）第187659号

责任编辑：张 阳 迟 蕾　　　　　　　　　　文字编辑：师明远
责任校对：王 静　　　　　　　　　　　　　　装帧设计：张 辉

出版发行：化学工业出版社（北京市东城区青年湖南街13号　邮政编码100011）
印　　刷：三河市航远印刷有限公司
装　　订：三河市宇新装订厂
787mm×1092mm　1/16　印张11$\frac{3}{4}$　字数273千字　2024年5月北京第1版第1次印刷

购书咨询：010-64518888　　　　　　　　　　售后服务：010-64518899
网　　址：http://www.cip.com.cn
凡购买本书，如有缺损质量问题，本社销售中心负责调换。

定　　价：49.00元　　　　　　　　　　　　　　　　　　版权所有　违者必究

编写人员名单

主　　编　徐一斐　庾庐山　吴小业
副 主 编　陈乐谞　战国强　张学许　苏先科
编写人员（按姓氏拼音排序）

　　　　　　陈乐谞（湖南环境生物职业技术学院）
　　　　　　邓阿琴（湖南环境生物职业技术学院）
　　　　　　高建亮（湖南环境生物职业技术学院）
　　　　　　郭　锐（湖南环境生物职业技术学院）
　　　　　　李海波（湖南小埠今业生态科技股份有限公司）
　　　　　　李　妙（湖南生物机电职业技术学院）
　　　　　　李　静（岳阳职业技术学院）
　　　　　　马天乐（长沙环境保护职业技术学院）
　　　　　　皮之顺（广东百林生态科技股份有限公司）
　　　　　　申明达（永州职业技术学院）
　　　　　　帅　琪（常德职业技术学院）
　　　　　　宋志强（湖南生物机电职业技术学院）
　　　　　　苏先科（湖南省一建园林建设有限公司）
　　　　　　孙　思（广东百林生态科技股份有限公司）
　　　　　　汤　辉（岳阳职业技术学院）
　　　　　　谭明强（湖南小埠今业生态科技股份有限公司）
　　　　　　吴小业（广东百林生态科技股份有限公司）
　　　　　　向　友（怀化职业技术学院）
　　　　　　徐一斐（湖南环境生物职业技术学院）
　　　　　　庾庐山（湖南环境生物职业技术学院）
　　　　　　战国强（广东生态工程职业学院）
　　　　　　张学许（湖南小埠今业生态科技股份有限公司）
　　　　　　赵富群（湖南环境生物职业技术学院）
　　　　　　赵留飞（广东百林生态科技股份有限公司）
　　　　　　竹　丽（长沙环境保护职业技术学院）
　　　　　　邹水平（广东百林生态科技股份有限公司）

前 言

随着近年来园林城市和美丽乡村建设速度的加快,园林绿化工程项目实施的必要性和重要性逐步提高。"三分设计,七分施工",一个优秀的园林景观设计,没有一支素质良好、技术过硬、经验丰富的园林绿化工程技术队伍来承担施工,是无法达到其完美建设的目标的。科学、规范、标准的园林绿化工程,可以净化空气,减少城市噪声,美化城市环境,丰富乡村景观,改善生态环境,给人们提供一个环境优美、景观别致的游憩境域和活动场所。

当前,在园林绿化工程项目的实施过程中,存在施工技术人员素质参差不齐,不少人员缺乏专业技能知识,绿化工程施工技术不规范、不标准,施工流程不规范等问题,严重影响整个园林绿化工程的落地。为强化园林工匠精神培养,落实立德树人根本任务,增强人才培养针对性,园林技术相关专业依据现代学徒制试点专业教学标准、园林行业职业岗位人才成长规律和实际工作能力要求,采用校企合作、兄弟院校合作等方式,以项目为载体,以岗位工作任务为驱动,实施理实一体化教学,并成功入选教育部第三批现代学徒制试点项目。

本书根据园林绿化工程岗位应具备的技术技能要求,由校企共同参与课程建设和教材编写,旨在让毕业生能够顺利承担并胜任岗位工作。全书采用模块化的编写结构,共设置6个模块:职业岗位概述,园林工程施工图识图与制图,园林绿地土方工程,园林给排水工程,园林植物种植技术,职业技能知识题库。书中内容翔实、科学严谨、图文并茂、通俗易懂,希望通过本书的知识讲解、案例示范,能让未来从事园林绿化工程施工的技术人员循序渐进、直观高效地掌握本职岗位各项工作的流程规范和技术技能。书后附有"长江以南地区常用园林植物(188种)生态习性和园林用途一览表""庭院景观工程质量控制表""景观绿化工程施工组织设计示范案例"3个附录,便于读者高效查找岗位必备知识。

本书由徐一斐、庾庐山、吴小业担任主编,陈乐谞、战国强、张学许、苏先科担任副主编,宋志强、邓阿琴、高建亮、郭锐、李海波、李妙、李静、马天乐、皮之顺、申明达、帅琪、孙思、汤辉、谭明强、向友、邹水平、赵富群、赵留飞、竹丽参编。在此,对编写者所在学校、公司的大力支持深表感谢!由于时间、精力所限,书中难免有不足之处,欢迎广大读者、专家批评与指正!

目 录

模块 1　职业岗位概述

1.1　职业岗位简介　/ 001
    1.1.1　岗位概况　/ 001
    1.1.2　岗位人才成长路径和具备
          条件　/ 001

1.2　职业岗位要求和工作内容　/ 002
    1.2.1　园林绿化工程岗位的职业素养要求
          和技能要求　/ 002
    1.2.2　园林绿化工程工作内容　/ 003

模块 2　园林工程施工图识图与制图

2.1　园林绿化施工图识图与制图　/ 005
    2.1.1　内容与用途　/ 005
    2.1.2　园林绿化施工图绘图步骤　/ 005
    2.1.3　园林绿化施工图识读步骤　/ 007

2.2　园林建筑施工图识图与制图　/ 008
    2.2.1　建筑总平面图及施工总
          说明　/ 009
    2.2.2　建筑平面图　/ 013
    2.2.3　建筑立面图　/ 017
    2.2.4　建筑剖面图　/ 019
    2.2.5　建筑详图　/ 020

2.3　园林道路施工图识图与制图　/ 023
    2.3.1　园路工程施工图的内容　/ 023
    2.3.2　园路工程施工图的识读　/ 027

2.4　假山施工图识图与绘制　/ 027
    2.4.1　假山工程施工图的内容　/ 027
    2.4.2　假山工程施工图的识读　/ 028

2.5　园林给排水施工图识图与制图　/ 030
    2.5.1　给排水设计说明及图例说明　/ 030
    2.5.2　给排水总平面图　/ 031
    2.5.3　给排水系统图　/ 032
    2.5.4　给排水管道安装详图　/ 032

2.6　园林电气施工图识图与制图　/ 034
    2.6.1　电气施工图设计说明及图例
          说明　/ 035
    2.6.2　电气平面图　/ 035
    2.6.3　电气系统图　/ 036
    2.6.4　电气详图　/ 036

模块 3　园林绿地土方工程

3.1　土壤的相关性质　/ 038
    3.1.1　土壤的分类　/ 038
    3.1.2　土的鉴别　/ 041
    3.1.3　土的工程性质　/ 042

3.2　园林土方工程施工　/ 046
    3.2.1　土方施工　/ 046

3.2.2 土方工程特殊问题的处理 / 059

3.3 园林土方工程施工案例 / 062
 3.3.1 工程概况 / 062
 3.3.2 编制依据 / 062
 3.3.3 施工部署 / 062
 3.3.4 施工准备 / 062
 3.3.5 施工计划 / 064
 3.3.6 施工方法 / 064
 3.3.7 质量保证措施 / 069
 3.3.8 安全保证措施 / 070

模块 4   园林给排水工程

4.1 常用管材、附件和水表 / 071
 4.1.1 管道材料 / 071
 4.1.2 管道配件与管道连接 / 073
 4.1.3 管道附件 / 074
 4.1.4 水表 / 078
 4.1.5 附表 / 078
 4.1.6 附图 / 082

4.2 园林给水工程 / 083
 4.2.1 园林给水工程概述 / 083
 4.2.2 园林给水管网的布置 / 084

4.3 园林绿地喷灌工程 / 085
 4.3.1 喷灌系统的组成 / 085
 4.3.2 喷灌形式的选择 / 087
 4.3.3 喷头设计前的资料收集 / 087
 4.3.4 滴灌 / 087
 4.3.5 喷灌系统的设计 / 090

4.4 园林排水工程 / 091
 4.4.1 园林排水的特点 / 091
 4.4.2 园林排水的主要形式 / 091
 4.4.3 雨水管道系统的组成 / 092

4.5 园林绿地喷灌工程施工步骤和规范 / 093
 4.5.1 绿地喷灌施工步骤 / 093
 4.5.2 塑料管材焊接步骤与规范 / 095

模块 5   园林植物种植技术

5.1 园林植物栽植工程技术 / 097
 5.1.1 概述 / 097
 5.1.2 绿化地清理和整理 / 097
 5.1.3 苗木的选择 / 098
 5.1.4 树木定点放线、种植穴挖掘 / 098
 5.1.5 苗木种植（定植）/ 100

5.2 小型花坛建植技术 / 100
 5.2.1 施工前准备 / 100
 5.2.2 平面式花坛种植施工技术 / 101
 5.2.3 模纹花坛种植施工技术 / 102
 5.2.4 立体花坛种植施工技术 / 102
 5.2.5 花坛的养护管理 / 104

5.3 竹类建植技术 / 105
 5.3.1 整地 / 105
 5.3.2 植株选择 / 105
 5.3.3 栽种时间 / 105
 5.3.4 竹苗起挖、运输和种植 / 106
 5.3.5 养护管理 / 106

5.4 大树建植技术 / 107
 5.4.1 大树移植季节 / 107
 5.4.2 大树移栽的准备工作 / 107

5.4.3 大树移植方法与技术要点 / 109
5.5 反季节栽植技术 / 113
5.6 园林植物栽植实例 / 113
  5.6.1 方案设计平面图 / 113
5.6.2 现场施工照片 / 114
5.6.3 现场竣工效果图 / 114

模块6 职业技能知识题库

6.1 园林植物识别与应用能力训练习题（理论知识部分）/ 116

6.2 园林植物识别与应用能力训练习题（实际操作部分）/ 119

6.3 园林绿化施工图制图与识图能力训练习题（理论知识部分）/ 121

6.4 园林绿化施工图制图与识图能力训练习题（实际操作部分）/ 125

6.5 园林绿化工程施工技术训练习题（理论知识部分）/ 126

6.6 园林绿化工程施工技术训练习题（实际操作部分）/ 130

6.7 综合职业技能考核模拟题（理论知识部分）/ 132

6.8 综合职业技能考核模拟题（实践操作部分）/ 135

附录

附录1 长江以南地区常用园林植物（188种）生态习性和园林用途一览表 / 137

附录2 庭院景观工程质量控制表（仅供参考）/ 149

附录3 景观绿化工程施工组织设计示范案例 / 160

参考文献

模块 1
职业岗位概述

1.1 职业岗位简介

园林绿化工程技术岗位人员是从事建设、管理、美化、改善城市景观、乡村自然环境及人们游憩境域生态环境的工作人员。其主要工作是完成园林绿化工程中的制图与识图、土方施工、给排水工程、苗木识别与配置、花灌木栽植、乔木栽植、大树移植等诸多任务。

1.1.1 岗位概况

专业名称：园艺园林绿化（园艺技术、园林技术、园林工程技术等）。

岗位名称：园林绿化工程。

岗位定义：从事园林绿化制图与识图，微地形整理和营造，绿地给排水，园林植物的栽培、移植、管理等。

适用范围：园林绿化建设和绿化工程管理。

1.1.2 岗位人才成长路径和具备条件

本职业岗位人才成长路径共设三个阶段，分别为初级、中级、高级。要求从事本岗位的人员能热爱并积极主动投身于园林绿化行业建设工作，有职业道德，有奉献精神，兢兢业业，恪尽职守，能较好地完成领导交给的各项工作，通过理论联系实际，将专业理论知识迅速转化为业务能力。在公司领导的关心和培养下，在同事们的帮助下，通过自己坚持不懈的努力，迅速提升自身的专业技能水平，努力成为建设美丽中国、美丽乡村的大国工匠。

（1）初级园林绿化工程技术岗位

1）知识要求（应知）

① 了解从事园林绿化工作的意义和工作内容。

② 了解园林绿地施工及管理的操作规程和规范。

③ 了解常见的园林制图的识读与绘制，熟悉国家制图规范和标准。

④ 了解园林土壤的基本性状和简单地形营造方法。
⑤ 认识常见的园林植物，区分形态特征，并了解环境因子对园林植物的影响。
2）操作要求（应会）
① 识别常见园林植物（至少 50 种）和园林植物病虫害（至少 10 种）。
② 按操作规程初步掌握园林植物种植、移栽、运输等主要环节。
③ 在中、高级技术人员指导下完成小型绿地施工和管理等工作。
④ 正确操作和保养常用的园林工具。

（2）中级园林绿化工程技术岗位
1）知识要求（应知）
① 掌握绿地施工及管理流程；了解规划设计和植物群落配置的一般知识，能看懂绿化施工图纸；掌握估算土方和植物材料的方法。
② 掌握园林植物的生长习性和生长规律及其管理要求；掌握大树移植的操作规程和质量标准。
③ 掌握常见的园林制图的识读与绘制，熟悉国家制图规范和标准。
④ 掌握园林土壤的基本性状和园林地形营造方法。
⑤ 掌握常用园林机具性能及操作规程，了解一般原理及排除故障的办法。
2）操作要求（应会）
① 识别园林植物 80 种以上。
② 按图纸放样，估算工料，并按规定的质量标准进行各类园林植物的栽植。
③ 按技术操作规程正确、安全地完成大树移植，并采取必要的维护管理措施。
④ 正确使用常用的园林机具及设备，并判断和排除一般故障。

（3）高级园林绿化工程技术岗位
1）知识要求（应知）
① 了解生态学和植物生理学的知识及其在园林绿化中的应用。
② 掌握绿地布局和施工理论；熟悉有关的技术规程、规范；掌握绿化种植、地形地貌改造知识。
③ 掌握各类绿地的施工管理技术；熟悉有关的技术规程、规范。
④ 了解国内外先进的绿化技术。
2）操作要求（应会）
① 组织完成各类复杂地形的绿地和植物配置的施工。
② 熟悉常用园林地形，能胜任园林植物的整形、造型指导和管理工作。
③ 对初、中级绿化岗位人员进行示范操作，传授技能，解决操作中的疑难问题。

1.2 职业岗位要求和工作内容

1.2.1 园林绿化工程岗位的职业素养要求和技能要求

① 遵守宪法、法律、法规、国家的各项政策和各项技术安全操作规程及本单位的规章

制度，树立良好的职业道德、敬业精神、奉献精神及刻苦钻研技术的精神。

② 爱岗敬业，工作态度端正，认真负责，能坚守岗位，服从安排，对设计师或上级的设计意图给予尊重，不可随意擅自更改，不可偷工减料。

③ 爱护各种工具和设备，爱护花草树木，不断充实自己，不断拓展自身专业知识技能，具有创新意识和策划思维，能够灵活处理工作中的各种问题。

④ 能以生态文明和美丽中国建设为指引，弘扬中国传统园林文化，注重"术道结合"；利用自己所学的专业知识，积极参与国家政策的宣传与推广、社会科学的普及等有益活动。

⑤ 在技术技能操作等环节，具有团队意识和吃苦耐劳的工匠精神，具备节约成本、安全文明、环境保护的意识。既要团队协作又要分工合作，在施工中逐步形成精益求精的大国工匠精神，为建设绿水青山的美丽中国和美丽乡村贡献自己的力量。

⑥ 热爱本职工作，服从分配，听从指挥，认真、细致、尽职、高效，树立良好的职业道德。

⑦ 学习科学养护方法、园艺栽培技术和造型技艺，不断提高业务素质。

⑧ 熟练掌握园林绿化工程技术岗位的操作技能，不断提高服务质量及服务水平。

⑨ 熟悉花草树木的品种、名称、特性和栽培管理方法，提高绿化养护管理的知识和技能，正确并熟练使用园林机具，将使用后的器具及机械设备清洁保养后放回指定位置。

⑩ 熟悉管理范围内花木的名称、种植季节、生长特点和栽植管理。合理配置花草树木的品种和数量，创造优美的植物景观。

⑪ 熟练使用常用园林工具，如锄头、耙子、铁锹、手锯、剪枝剪、大平剪、安全带、手推车、梯子、喷雾器等。

⑫ 熟悉常用园林机械及设备，如割草机、割灌机、绿篱修剪机、喷灌设备、小型挖掘机、起吊设备等的操作流程。

1.2.2　园林绿化工程工作内容

（1）施工准备

施工前现场勘察测量地形，做好苗木进场的验收、签证工作，负责对绿化队的工作进行安排，组织落实班组成员、机械设备进场。协助图纸会审，参与制订种植方案，编制苗木需求计划，以及人工、机械计划，监控协调工程进度。检验到场苗木的品种、规格及日后的成活情况是否符合设计要求。

（2）施工管理

执行施工计划，向班组下达施工任务，现场测量，定位放线，选择苗木，确定树木栽植方向等。监督和控制施工进度、质量、安全，发起和跟踪设计变更、工程签证情况，确保工程顺利进行。做好种植土、肥料的调配工作，做好回填泥炭土、基肥、种植土的厚度记录。

（3）后期管理

准备相关验收文件，协助组织验收工作，并在验收后完成后续内部结算及技术支持事项。

（4）成本控制

了解或参与本项目招标与合同洽谈，监控订单履行情况，执行物料进场验收，并进行后续评价，确保成本的合理性。

（5）沟通协调

协调施工现场各班组关系，参与协调与甲方、监理等外部关系。

（6）完成领导交办的其它任务

（7）植物栽植后的管理（一年的养护期）

① 对花草树木适时浇水，满足其生长需要，防止过旱和过涝。

② 对花草树木适时适量施肥，方法正确，满足花草树木的正常生长发育需要。

③ 对花木进行修剪、整形，使花木长量适当，长势优良，乔、灌木各种树形搭配优美，构成丰富的植物景观。

④ 清理杂草、杂物，适时剪草，使草坪保持一定的生长高度，草地整洁、美观。

⑤ 以"预防为主"和"治早、治了"为原则，及时防治花草树木病虫害，同时注意保护环境，减少农药污染。

⑥ 定期对花木进行培土、树干涂白，防风害、日灼，对遭受自然损害的花木及时进行修补、扶持和补苗。

⑦ 经常巡视管理区的绿化地，严格制止在草地上践踏、倾倒垃圾或用树干晾晒衣服、被褥等行为，完善绿化养护、隔离设施。

⑧ 加强学习，熟练掌握各类工具、器具的操作方法，做好工具、器具的养护和管理工作。

模块 2
园林工程施工图识图与制图

园林工程包括土方工程、给排水工程、水景工程、假山工程、园路工程、园建工程和种植工程等。园林工程施工图是指导园林工程现场施工的技术性图纸。本模块着重介绍常见几种园林工程施工图的识图与制图方法。

2.1 园林绿化施工图识图与制图

2.1.1 内容与用途

园林绿化施工图是表示植物位置、种类、数量、规格及种植类型的平面图,主要内容包括:坐标网格或定位轴线;建筑、水体、道路、山石等造园要素的水平投影图;地下管线或构筑物位置图;各种设计植物的图例及位置图;比例尺;风向玫瑰图或指北针;主要技术要求及标题栏;苗木统计表;种植详图等。

园林绿化施工图是组织种植施工和养护管理、编制预算的重要依据。

2.1.2 园林绿化施工图绘图步骤

① 选择绘图比例和图幅,画出坐标网格,确定定位轴线。

② 以园林设计平面图为依据,绘制出建筑、水体、道路、山石等造园要素的水平投影图,并绘制出地下管线或构筑物的位置,以确定植物的种植位置。其中水体边界线用粗实线,沿水体边界线内侧用一条细实线表示出水面,建筑用中实线,道路用细实线,地下管道或构筑物用中虚线。

③ 绘制种植植物图例。植物种植设计图,宜将各种植物按平面图中的图例,绘制在所设计的种植位置上,并应以圆点表示出树干位置。树冠大小按成龄后冠幅绘制。为了便于区别树种、计算株数,应将不同树种统一编号,标注在树冠图例中(图 2-1)。

片植灌木和植物下层地被应绘制出种植范围,引线标注出植物名称和数量(图 2-2)。

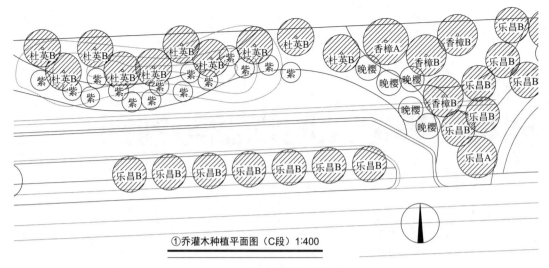

图2-1 上层植物种植平面图

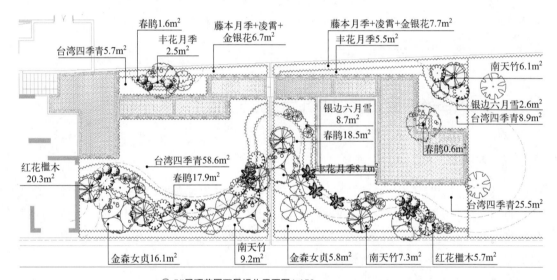

图2-2 下层植物种植图

④ 编制苗木统计表（表2-1）。在图中适当位置，列表说明所设计的植物编号、树种名称、拉丁文名称、单位、数量、规格、出圃年龄等。

表2-1 苗木统计表

序号	名称	规格			数量/株	备注
		高度/cm	冠幅/cm	胸径(D)或地径(d)/cm		
1	雪松A	900	450	d35	13	全冠，树形优美
2	雪松B	750	350～400	d25	25	全冠，树形优美

续表

序号	名称	规格			数量/株	备注
		高度/cm	冠幅/cm	胸径（D）或地径（d）/cm		
3	雪松	550~600	300	d15	34	全冠，树形优美
4	油松	500	250	D10	20	保留全冠
5	油松A	650~700	300	D15	5	保留全冠
6	水杉A	900~1000	250	D18	3	树干通直，保留全冠
7	水杉B	650~750	200	D12	53	树干通直，保留全冠
8	广玉兰	550~650	250	D12	35	保留全冠，树形优美
9	马褂木	650~700	350	D12	109	保留全冠，树形优美
10	合欢	550	300	D12	53	保留全冠，树形优美
11	垂丝海棠	200~250	150~200	D6	85	分枝点1m以内
12	紫叶李	300	180~200	D6	71	分枝点0.8m以内
13	木本绣球	200	180		43	分枝点0.6m以内
14	红枫	180~200	180	D6	148	树形优美，分枝点0.6m
15	羽毛枫	160~180	180~200	D8	5	树形优美，分枝点0.5m
16	二乔玉兰	250~300	160~200	D6	193	分枝点0.8m以内

⑤ 标注定位尺寸。自然式植物种植设计图，宜采用与设计总平面图、竖向设计图同样大小的坐标网确定种植位置；规则式种植设计图，宜相对某一原有地上物，用标注行距的方法，确定种植位置。

⑥ 绘制种植详图（图2-3）。必要时，按苗木统计表中的编号绘制植物种植详图，说明种植某一植物时挖坑、覆土、施肥、支撑等种植施工要求。

⑦ 绘制比例、风向玫瑰图或指北针，注明技术要求。

2.1.3 园林绿化施工图识读步骤

阅读植物种植设计图，以了解工程设计意图、绿化目的及所达到的效果，明确种植要求，以便组织施工和作出工程预算。阅读步骤如下。

（1）**看标题栏、比例、风向玫瑰图或指北针**

明确工程名称、所处方位和当地的主导风向。

（2）**看图中索引编号和苗木统计表**

根据图示植物编号，对照苗木统计表及技术说明，了解植物种植的种类、数量、苗木规格和配置方式。

（3）**看图示植物种植位置及配置方法**

分析设计方案是否合理，植物栽植位置与各种建筑构筑物和市政管线之间的距离是否符合有关设计规范的规定。

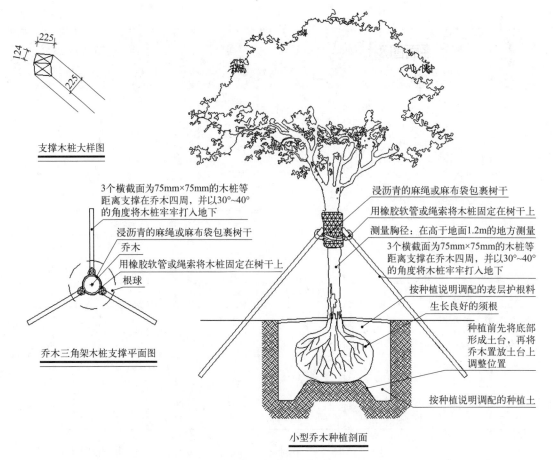

图2-3 植物种植详图

（4）看植物种植定位尺寸

明确植物种植的位置及定点放线的基准。

（5）种植详图

明确具体种植要求，组织种植施工。

2.2 园林建筑施工图识图与制图

园林建筑是园林与建筑结合的有机产物，它既要满足建筑的使用功能要求，又要满足园林景观的造景要求。园林中的建筑包括房屋、厅堂、亭、廊、花架，以及园林桌椅、栏杆、景墙等园林建筑小品。

园林建筑一般由基础、墙（柱）、楼（地）面、楼梯、屋顶、门窗等部分组成。此外，还包括台阶（坡道）、雨篷、阳台、栏杆、明沟（散水）、水管、电气设备及各种装饰等。

建筑工程施工图是表示建筑的总体布局、外部造型、内部布置、细部构造、内外装饰，以及一些固定设备、施工要求等的图样。

一般包括施工总说明、总平面图、平面图、立面图、剖面图和建筑详图。

2.2.1 建筑总平面图及施工总说明

建筑总平面图是表示建筑物所在基地内有关范围的总体布置情况的水平投影图，用以表明新建房屋、构筑物的位置、朝向、占地范围、室外场地、道路、绿化等的布置、地形、标高等，以及与原有建筑群周围环境之间的关系等，是新建房屋施工定位、土方施工，以及绘制水、电、暖等管线总平面图和施工总平面图的依据。

（1）建筑总平面图中建筑的表现手法

① 抽象轮廓法。抽象轮廓法适用于小比例总体规划图，主要是将建筑按比例缩小后，绘制其轮廓，或者以统一的抽象符号表现出建筑的位置，其优点在于能够很清晰地反映出建筑的布局及其相互之间的关系，常用于导游示意图。如图2-4所示。

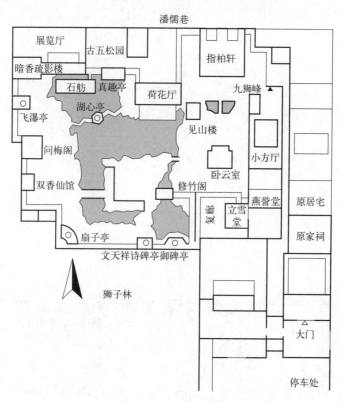

图2-4　狮子林平面图

② 涂实法。涂实法表现建筑主要是将规划用地中的建筑物涂黑。涂实法的特点是能够清晰地反映出建筑的形状、所在位置及建筑物之间的相对位置关系，并可用来分析建筑空间的组织情况，但对个体建筑的结构反映不清楚，适用于功能分析图。如图2-5所示。

③ 平顶法。平顶法表现建筑的特点在于能够清楚地表现出建筑的屋顶形式及坡向等，而且具有较强的装饰效果，特别适合表现古建筑较多的建筑总平面图。如图2-6所示。

④ 剖平法。剖平法比较适合于表现个体建筑，它不仅能表现出建筑的形状、位置、周围环境，还能表现出建筑内部的简单结构，常用于建筑单体设计。如图2-7、图2-8所示。

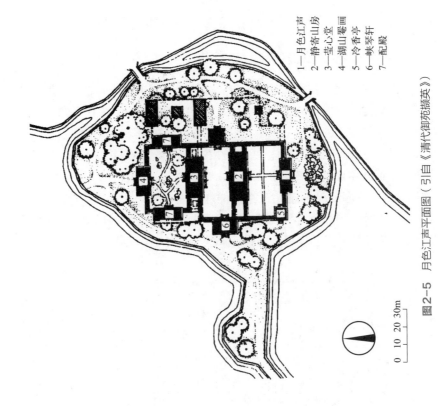

图2-5 月色江声平面图（引自《清代御苑撷英》）

1—月色江声
2—静寄山房
3—莹心堂
4—湖山罨画
5—冷香亭
6—峡琴轩
7—配殿

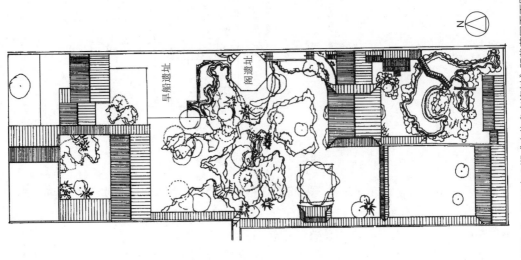

图2-6 1958年3期《文物参考资料》所载燕园平面图

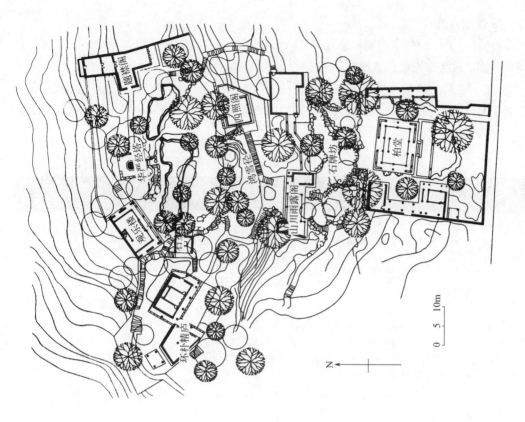

图 2-7 西泠印社平面图

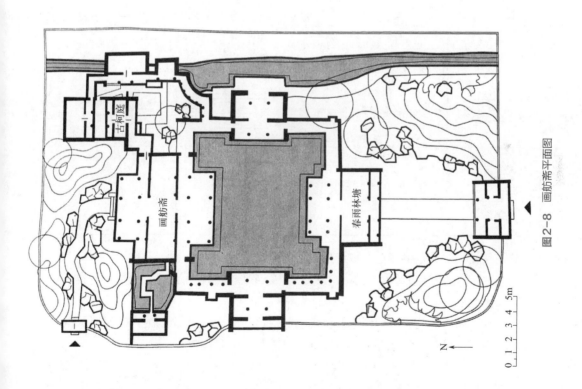

图 2-8 画舫斋平面图

（2）绘制方法

① 选择合适的比例。建筑总平面图要求表明拟建建筑与周围环境的关系，所以涉及的区域一般都比较大，因此常选用较小的比例绘制，如1：500、1：1000等。

② 绘制图例。建筑总平面图是用建筑总平面图例（表2-2）表达其内容，包括地形现状、建筑物（原有、新建、规划或拆除）和构筑物、道路和绿化等，并按其所在位置画出它们的水平投影图。

表2-2 总平面图图例

图例	名称	图例	名称
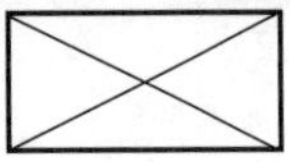	其他材料露天堆场或露天作业场	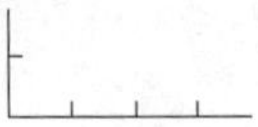	围墙（表示砖石、混凝土及金属材料围墙）
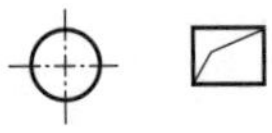	水塔、水池	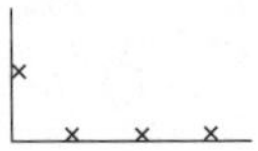	围墙（表示镀锌铁丝网、篱笆等围墙）
	原有的道路、人行道	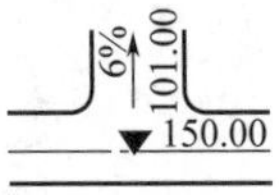	新设计的道路
	计划的道路	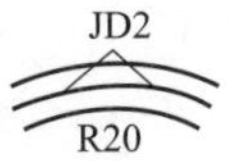	
	地下建筑物或构筑物	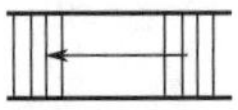	台阶（箭头指向表示向上）
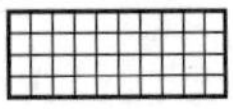	铺砌场地	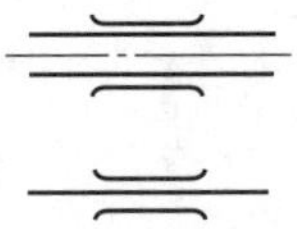	公路桥 铁路桥
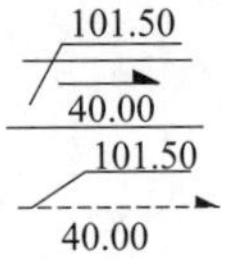	排水明沟（下图用于比例比较小的图）	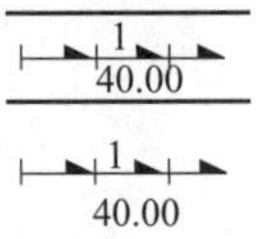	有盖的排水沟

③ 用尺寸标注或坐标网进行拟建建筑物的定位。用尺寸标注的形式标明与其相邻的原有建筑或道路中心线（参照物）的距离。如图中无参照物，也可用坐标网格进行建筑定位。如图2-9所示。

④ 标注标高。建筑总平面图应标注建筑首层地面的标高，室外地坪和道路的标高，以及地形等高线的高程数字，单位均为米（m）。如图2-10所示。

⑤ 绘制指北针、风向玫瑰图、图例等。

⑥ 注写比例、图名、标题等。

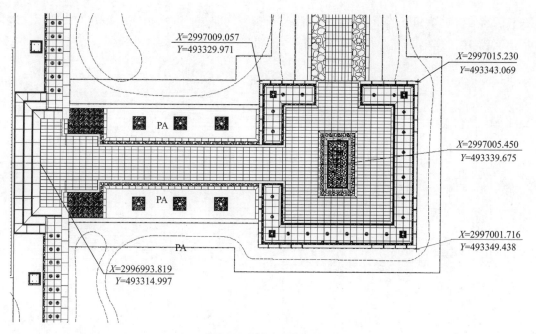

图2-9 拟建建筑定位

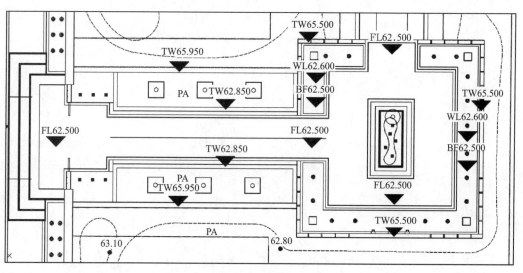

图2-10 拟建建筑标高

(3) 施工总说明

针对施工图中不便详细注写的用料、做法及技术、使用部位等要求,作出具体的文字说明。

2.2.2 建筑平面图

建筑平面图是全剖面图,剖切平面是位于窗台上方的水平面。建筑平面图主要表示建筑物的平面形状、水平方向各部分(如出入口、走廊、楼梯、房间、阳台等)的布置和组合关系、门窗位置、墙和柱的布置，以及其他建筑构配件的位置和大小等，如图2-11所示。多层建筑若各层的平面布置不同，应画出各层平面图。

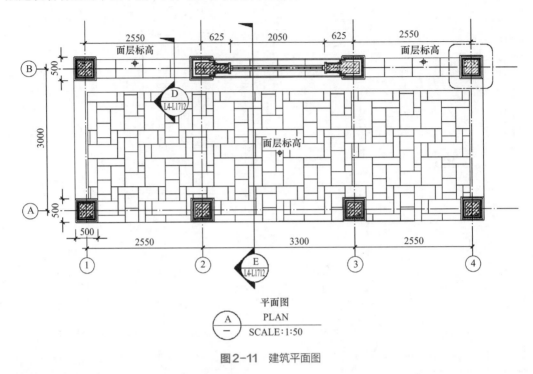

图2-11　建筑平面图

建筑平面图是建筑设计中最基本的图纸，常用于表现建筑方案，并为以后的详细设计提供依据。

（1）图示要求

① 比例。在绘制建筑平面图之前，首先要根据建筑物形体的大小选择合适的绘制比例，通常可选用1∶50、1∶100、1∶200的比例，如果要绘制局部放大图样，可选用1∶20、1∶50的比例。

② 定位轴线及编号。定位轴线是用来确定建筑基础、墙、柱和梁等承重构件的相对位置。带有编号的基准线，是设计和施工的定位线。对于那些非承重构件，可画附加轴线。附加轴线的编号应以分数表示，分母表示前一轴线的编号，分子表示附加轴线的编号。

③ 线型要求。在建筑平面图中凡是被剖切到的主要构造（如墙、柱等）断面轮廓线均用粗实线绘制，墙柱轮廓都不包括粉刷层厚度，粉刷层

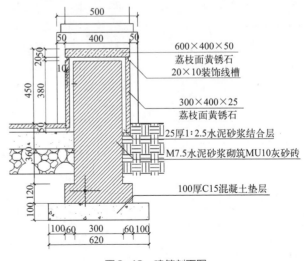

图2-12　建筑剖面图

在 1：100 的平面图中不必画出，在 1：50 或更大比例的平面图中用粗实线画出粉刷层厚度。

被剖切到的次要构造的轮廓线及未被剖切平面剖切的可见轮廓线用中粗实线绘制（如窗台、台阶、楼梯、阳台等）。尺寸线、图例线、索引符号等用细实线绘制。如图 2-12 所示。

④ 门、窗的画法。门、窗的平面图画法应按图例绘制。具体画法见表 2-3 所示。

表 2-3　构造及配件图例

图例	名称	图例	名称
	隔断		空门洞
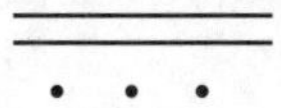	栏杆（上图为非金属扶手，下图为金属扶手）	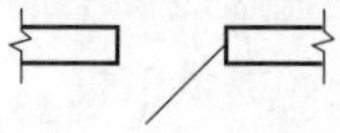	单扇门
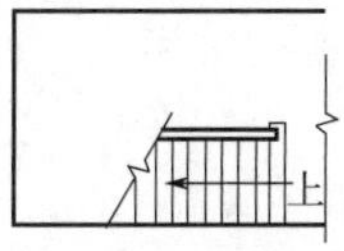	底层楼梯	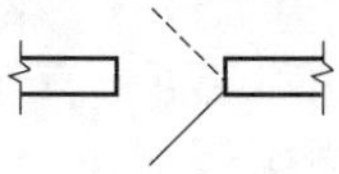	单扇双面弹簧门
			双扇门
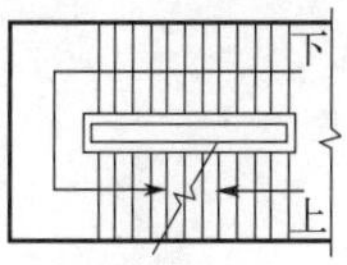	中间层楼梯		对开折门
			双扇双面弹簧门
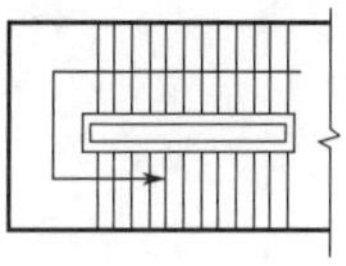	顶层楼梯	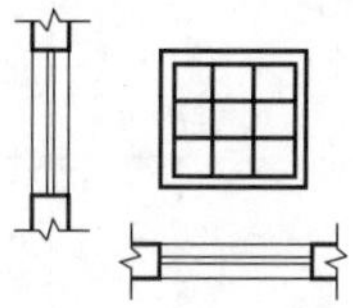	单层固定窗
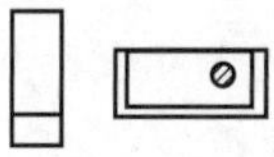	蹲式大便器　小便槽	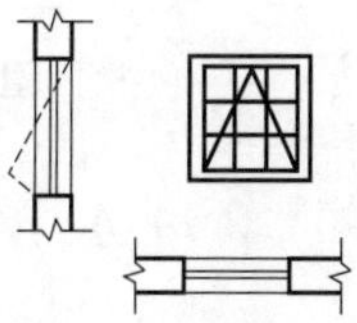	单层外开上悬窗
	污水池　洗脸盆	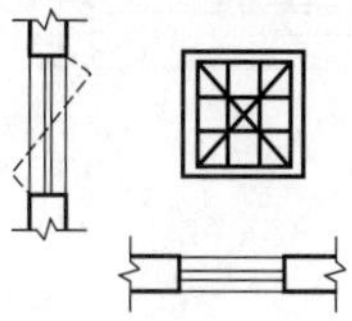	单层中悬窗
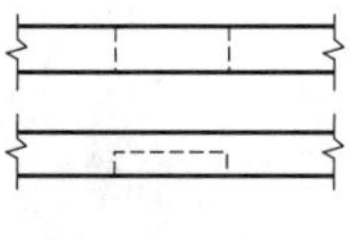	墙上预留洞口　墙上预留槽	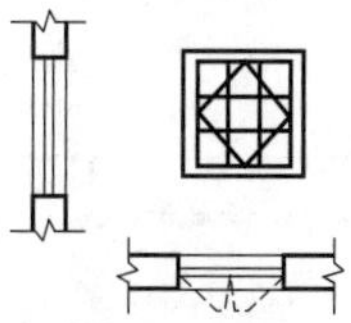	单层外开平开窗
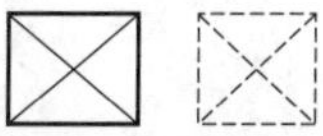	检查孔　地面检查孔　吊顶检查孔	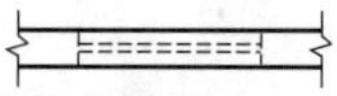	高窗

⑤ 尺寸标注。建筑平面图应标出外部的轴线尺寸及总尺寸，细部分段尺寸及内部尺寸可不标注。平面图上，所有外墙一般要标注三道尺寸。靠外墙轮廓线最近的一道尺寸为洞口（门、窗洞）尺寸及洞间墙尺寸，其中，洞间墙尺寸以定位轴线为尺寸界线；第二道尺寸为定位轴线之间的尺寸，用来表示开间和进深；第三道尺寸为外包尺寸，即房屋两端门外墙面之间的尺寸。此外，还须注出某些局部尺寸、底层楼梯起步尺寸等。

平面图还应注明室内外地面、楼台阶顶面的标高，均为相对标高，一般底层室内主要地面为标高零点，标注为 ±0.000。

⑥ 绘制指北针、剖切符号，注写图名、比例等。

⑦ 编制设计说明。

总之，建筑平面图是建筑设计中最基本的图纸，应准确、细致地绘制出其平面图，为表现建筑构造和以后细部设计提供依据。

（2）绘制步骤

现以某公园传达室平面图为例，说明建筑平面图绘制步骤。

① 画定位轴线，如图 2-13 所示。

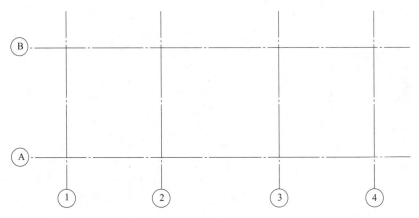

图 2-13　画定位轴

② 画内外墙厚度，如图 2-14 所示。

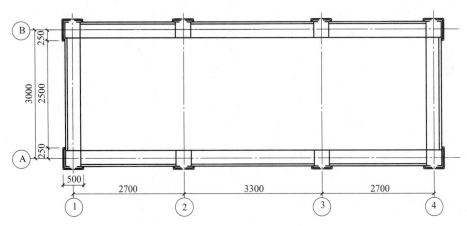

图 2-14　画内外墙厚度

③ 画出门窗位置及宽度（当比例尺较大时，应绘出门、窗框示意），加深墙的剖断线，按线条等级依次加深其它各线，如图2-15所示。

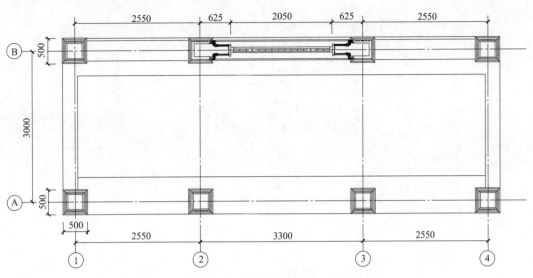

图2-15　画门窗位置和宽度

2.2.3　建筑立面图

建筑立面图是在与建筑立面平行的投影面上所作的正投影图。主要反映建筑物的外形及主要部位的标高。从正面看，可以了解到整幢房屋的外表形状、女儿墙、檐口、遮阳板、阳台或外走道的外形，以及墙面引条线、装饰花格、雨篷、落水管、勒脚、入口踏步等的位置和形状。同时，一般外墙上用文字注写外墙的装饰做法，例如花岗石墙面或碎拼花岗石墙面等的分层做法、具体材料。立面图一般按建筑物的朝向命名，如南立面图、北立面图、东立面图及西立面图，也可根据建筑两端的定位轴线编号命名。如图2-16所示。

建筑立面图能够充分表现出建筑物的外观造型效果，可以用于进一步推敲方案，并作为进一步设计和施工的依据。

（1）图示要求

① 比例选择。在绘制建筑立面图之前，首先要根据建筑物形体的大小选择合适的绘制比例，通常情况下建筑立面图所采用的比例应与平面图相同。

② 线型要求。建筑立面图的外轮廓线应用粗实线绘制；主要部位轮廓线，如门窗洞口、台阶、花台、阳台、雨篷等用中粗实线绘制；次要部位的轮廓线，如门窗的分格线、栏杆、装饰脚线、墙面分格线等用细实线绘制；地坪线用特粗线绘制。

③ 尺寸标注。在立面图中应标出外墙各主要部位的标高，如室外地面、台阶、窗台、门窗上口、阳台、檐口等处的标高。尺寸标注应标注上述各部位相互之间的尺寸，要求标注排列整齐，力求图面清晰。

④ 配景。为了衬托园林建筑的艺术效果，根据总平面的环境条件，通常在建筑物的两侧和后部绘出一定的配景，如花草、树木、山石等。绘制时可采用概括画法，力求比例协调、层次分明。

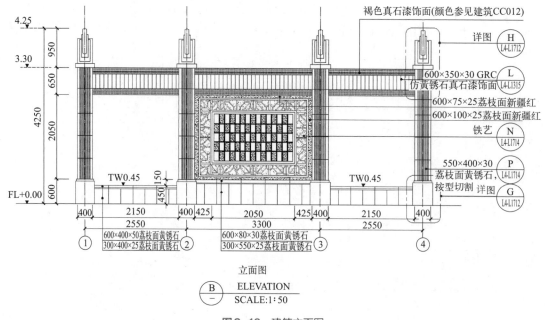

图 2-16　建筑立面图

⑤ 注写比例、图名及文字说明等。建筑立面图上的文字说明一般可包括建筑外墙的装饰材料说明、构造做法说明等。

（2）绘制步骤

以某公园传达室为例。

① 画出室内外地坪线、墙体的结构中心线，以及内外墙、屋面构造厚度，如图 2-17 所示。

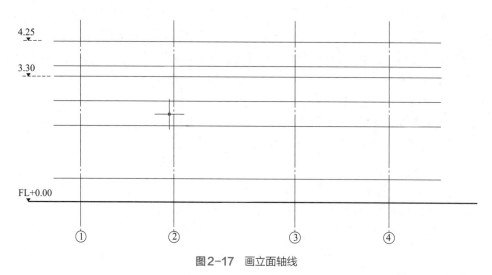

图 2-17　画立面轴线

② 画出门、窗洞高度，出檐宽度及厚度。室内墙面上门的投影轮廓，如图 2-18 所示。

③ 画出门、窗、墙面、踏步等细部的投影线。加深外轮廓线，然后按线条等级依次加深各线，见图 2-16。有的图还绘制配景。

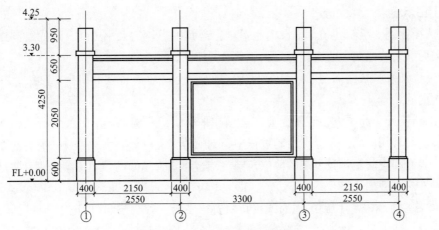

图 2-18 画门、窗高度及投影轮廓

2.2.4 建筑剖面图

建筑剖面图是表示园林建筑内部结构及各部位标高的图纸,是假想在建筑适当的部位作垂直剖切后得到的垂直剖面图。它与平面图、立面图相配合,可以完整地表达建筑,是建筑施工图中不可缺少的一部分。如图 2-19 所示为建筑剖面图。

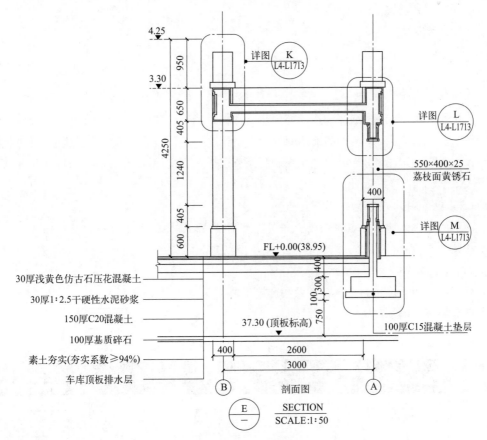

图 2-19 建筑剖面图

（1）图示要求

① 选择比例。绘制建筑剖面图时也可根据建筑物形体的大小选择合适的绘制比例。建筑剖面图所选用的比例一般应与平面图和立面图相同。

② 定位轴线。在剖面图中凡是被剖切到的承重墙、柱等都要画出定位轴线，并注写与平面图相同的编号。

③ 剖切符号。为了方便看图，要求必须在平面图中明确地标示出剖切符号，并在剖面图下方标注与其相应的图名。在绘制过程中，剖切位置的选择非常关键，一般选在建筑内部构造有代表性和空间变化较复杂的部位，同时结合所要表达的内容确定。一般应通过门、窗等有代表性的典型部位。

④ 线型要求。被剖切到的地面线用特粗实线绘制，其它被剖切到的主要可见轮廓线用粗实线绘制，如墙身、楼地面、圈梁、过梁、阳台、雨篷等；未被剖切到的主要可见轮廓线的投影用中粗实线绘制，其它次要部位的投影用细实线绘制，如栏杆、门窗分格线、图例线等。

⑤ 尺寸标注。水平方向上剖面图应标注承重墙或柱的定位轴线间的距离尺寸，垂直方向应标注外墙身各部位的分段尺寸（如门窗洞口、勒脚、檐口高度等）。

⑥ 标高标注。应标注室内外地面、各层楼面、阳台、檐口、顶棚、门窗、台阶等主要部位的标高。

⑦ 注写图名、比例及有关说明等。

（2）绘制步骤

参见立面图绘制步骤。

2.2.5 建筑详图

在园林建筑中有许多细部构造，如门窗、楼梯、檐口、装饰等，为了能更好地反映方案和设计构思，有时需要反映这些细部的设计。由于这些部位较小，因此需要用较大比例绘制出详图，这些图样称为建筑详图。如外墙剖面节点详图、楼梯详图、走廊栏杆详图、门厅花饰详图、门窗详图等。如图 2-20 ～图 2-22 所示。

建筑详图的主要内容包括以下几点。

① 详图名称、比例、定位轴线、详图符号及需另画详图的索引符号。

② 建筑构配件的形状、构造、详细尺寸，以及剖面节点部位的详细构造、层次、有关尺寸和材料图例。如表 2-4 所示。

③ 详细注明装饰用料、颜色、做法和施工要求。

④ 需要标注的标高。

表 2-4 建筑材料图例

材料名称	图例	材料名称	图例	材料名称	图例
水等液体	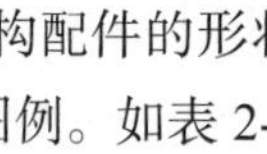	卵石	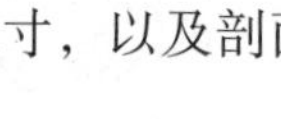	混凝土	

续表

材料名称	图例	材料名称	图例	材料名称	图例
自然土壤		碎石		钢筋混凝土	
岩石		干砌块石		砂、灰土、水混砂浆	
黏土		浆砌块石		金属、砖	
夯实土		干砌条石		木材	
回填土		浆砌条石		多孔材料	

注：1. 当剖面面积很大时，图例在图样上可以不必画满，仅局部表示即可。
　　2. 当剖面图上不需指明何种材料时，可用45°斜线作为剖面材料图例。

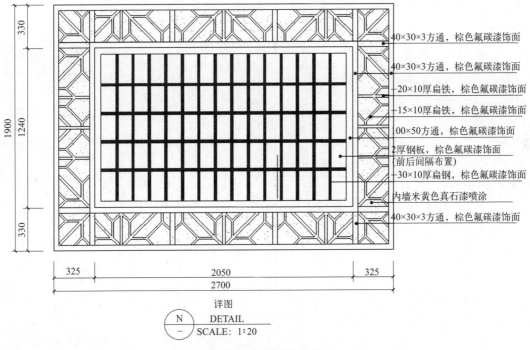

图2-20　建筑详图（一）

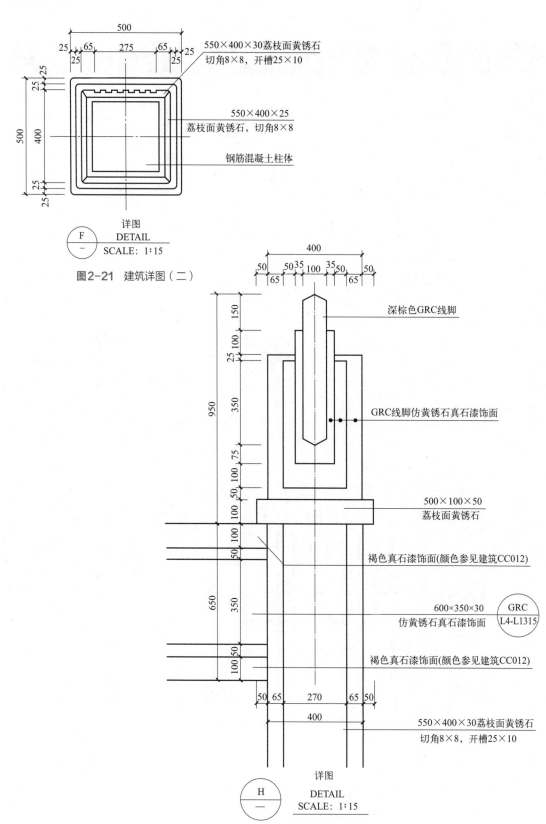

图 2-21 建筑详图（二）

图 2-22 建筑详图（三）

2.3 园林道路施工图识图与制图

园林道路（园路）是园林的脉络，是联系各个风景点的纽带。园路在园林中起着组织交通的作用，同时更重要的功能是引导游览、组织景观、划分空间、构成园景。园路的构造要求基础稳定，基层结实，路面铺装自然美观。

2.3.1 园路工程施工图的内容

常见的园路施工图主要包括路线平面图、园路铺装索引图、铺装尺寸和网格平面图、铺装详图。

（1）路线平面图

路线平面图主要表示园路的平面布置情况，内容包括路线的线形（直线或曲线）状况和方向，以及沿路线两侧一定范围内的地形和地物等。地形一般用等高线来表示，地物用图例来表示，图例画法应符合总图制图标准的规定。路线平面图一般所用比例较小，可在道路中心画一条粗实线来表示路线。如比例较大，也可按路面宽度画成双线表示路线。新建道路用中粗实线，原有道路用细实线。路线平面由直线段和曲线段（平曲线）组成，如图 2-23 所示。图 2-24 是道路平面图图例画法，$R9$ 表示转弯半径为 9m，150.00 为路面中心标高，纵向坡度为 6%，变坡点间距 101.00，JD2 是交角点编号。

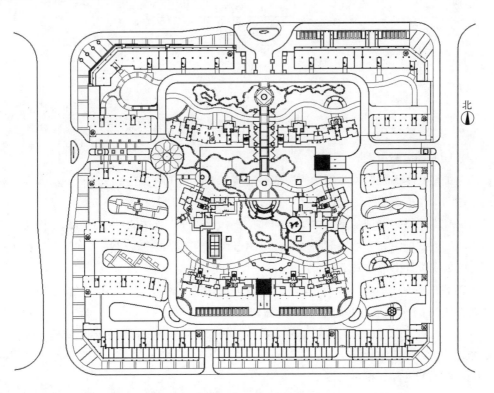

图 2-23

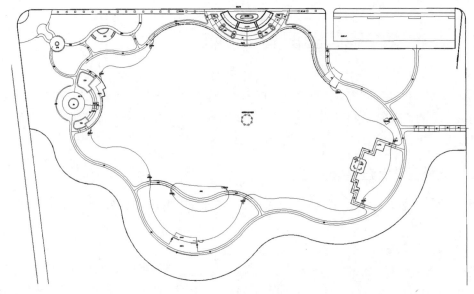

图2-23　路线平面图

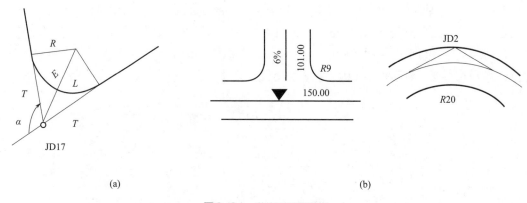

图2-24　道路平面图图例

（2）园路铺装索引图

园路铺装索引图是对需要细化的局部在铺装总平面图（图2-25）上做标记后，在另外的图纸上详细绘制出该铺装的材料、尺寸等信息，如图2-26所示。

由于在总平图中看到的是总体的轮廓和位置，无法读出具体的尺寸、材料及做法，所以用索引图的方式标识并编号局部的图纸，可用于快速找到需要的图纸。特别是在面积比较大的园林施工图设计中常被采用。

在铺装总平面图中可以看到02与03号楼间绿地铺装索引平面图在YEZ-01号图中的第1个图、03与04号楼间绿地铺装索引平面图在YEZ-02号图中的第1个图。图2-26铺装索引平面图中可以清晰地识读出园路铺装的具体形状和所用各种不同的材料及规格，但比较复杂的铺装需进一步见详图。

（3）铺装尺寸和网格平面图

主要标注尺寸和可用于指导施工放线的方格网，如图2-27所示。

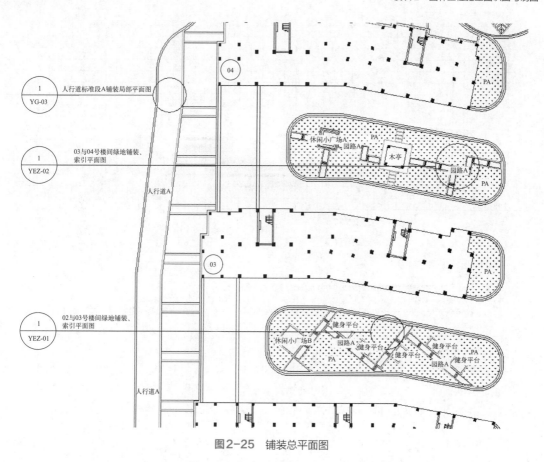

图 2-25 铺装总平面图

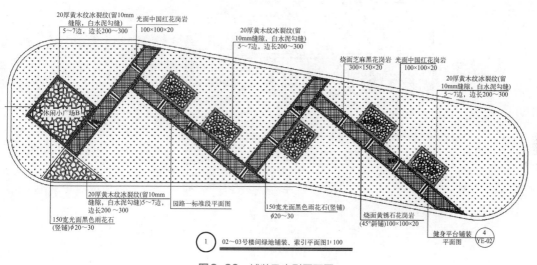

图 2-26 铺装及索引平面图

（4）铺装详图

铺装详图用于表达园路的面层结构，如断面形状、尺寸、各层材料、做法、施工要求和铺装图案（如路面布置形式及艺术效果）。

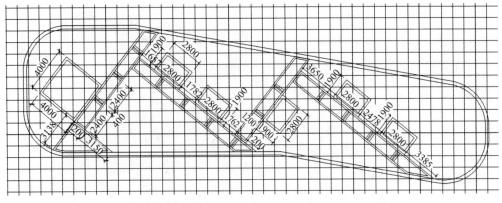

② 02~03号楼间绿地尺寸、网格平面图1:100

说明：
1. 放线网格间距为1.0m×1.0m。
2. 图中除标高单位为米外，其它所有尺寸单位均以毫米计。
3. 施工时根据现场的实际情况和结构来调整所有的尺寸和标高。
4. 由于市政道路标高有出入，施工时根据实际情况调整商铺及车库门前铺装自然放坡。
5. 本设计说明未尽之处，均按国家有关现行设计施工和验收规范(规程)及湖南省有关规定执行。

图2-27　铺装尺寸和网格平面图

图 2-28 所示为健身平台铺装平面详图，标注了尺寸和材料规格。图 2-29 是用断面图表达路面结构示意图。路面结构一般包括面层、结合层、基层、路基等。图 2-30 是园路铺装的说明，主要用于说明铺装中的注意事项和图纸中不方便用图线和图例表达的部分。

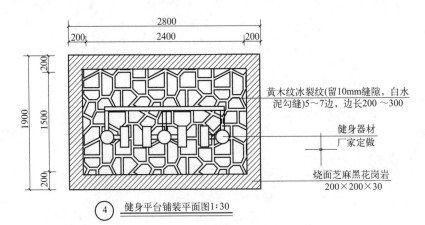

④ 健身平台铺装平面图1:30

图2-28　健身平台铺装平面详图

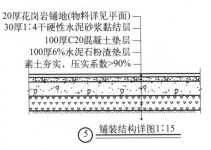

⑤ 铺装结构详图1:15

图2-29　用断面图表达路面结构

说明：
1. 本图所注尺寸，未注明单位者为毫米。所注厚度均为设计厚度。所注材料配合比除注明为质量比外，均为体积比。
2. 本工程有关设计、施工安装之质量要求，除图中注明外，均须按照国家颁发的有关设计和施工验收规范办理。
3. 地面伸缝与缩缝的设置说明：
   ① 伸缝间距约20m；纵/横向缩缝间距6m。
   ② 伸缝的留设位置应与地面铺装材料拼接缝/分格缝一致，缝宽15，缝填沥青橡胶；缩缝仅在混凝土垫层中设置，铺装面层连续，不设缝。
   ③ 伸缝与缩缝的设置要求应符合国标图集《环境景观——室外工程细部构造》(15J012-1)的要求。
4. 所有行车铺装结构详图中C20现浇素混凝土为150厚，6%水泥石粉垫层为200厚。

图2-30　铺装说明

2.3.2　园路工程施工图的识读

园路工程施工图的识读，一般按以下步骤进行。

（1）看设计说明

了解地形标高、工艺要求、材料要求和施工处理方式等。

（2）看总平面图

从总平面图中确定园路在总体平面中的位置，通过总平面索引图快速找到园路的铺装设计平面图和园路结构图等。

（3）看园路结构图

园路结构图标明了各层尺寸、材料及规格。

2.4　假山施工图识图与绘制

假山工程是园林建设的专业工程，假山工程施工图是指导假山工程施工的技术性文件。假山根据使用材料不同，分为土山、石山和土石相间山，本例为石山。

2.4.1　假山工程施工图的内容

假山工程施工图（图2-31～图2-34）主要包括平面图、立面图、剖（断）面图、基础平面图等，对于要求较高的细部，还应绘制详图说明。

① 平面图表示假山的平面布置、各部的平面形状、周围地形和假山所在总平面图中的位置。

② 立面图表现山体的立面造型及主要部位高度，与平面图配合，可反映出峰、峦、洞、壑的相对位置。为了完整地表现山体各面形态，便于施工，一般应绘出前、后、左、右四个方向的立面图。

③ 剖面图表示假山某处内部构造及结构形式、断面形状、材料、做法和施工要求。

④ 基础平面图表示基础的平面位置及形状。基础剖面图表示基础的构造和做法，当基础结构简单时，可同假山剖面图绘制在一起或用文字说明。

假山施工图中，由于山石素材形态奇特，施工中难以符合设计尺寸要求。因此，没有必要也不可能将各部尺寸一一标注，一般采用坐标方格网法控制。方格网的绘制，平面图以长度为横坐标，以宽度为纵坐标；立面图以长度为横坐标，以高度为纵坐标；剖面图以宽度为横坐标，以高度为纵坐标。网格的大小根据所需精度而定，对要求精细的局部，可以用较小的网格示出。坐标网格的比例应与图中比例一致。

2.4.2 假山工程施工图的识读

假山工程施工图的识读，一般按以下步骤进行。

（1）看标题栏及说明

从标题栏及说明中了解工程名称、材料和技术要求。

（2）看平面图

从平面图中了解比例、方位、轴线编号，明确假山在总平面图中的位置、平面形状、大小及其周围地形等。图 2-31 中所示，该山体长约 5.5m，宽约 2m，呈狭长形，有主峰和次峰，都设有瀑布，曲折多变，形成自然式山水景观。

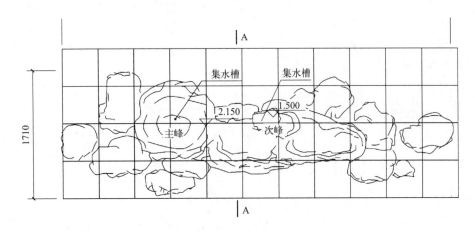

图 2-31　假山平面图

（3）看立面图

从立面图 2-32、图 2-33 中了解山体各部的立面形状及其高度，结合平面图辨析其前后层次及布局特点，领会造型特征。从图 2-32 中可见，假山主峰位于中部偏左，高为 2.15m，次峰位于中部偏右，高 1.5m，两挂瀑布分别从 2.15m 和 1.5m 高的集水槽处流出。在图 2-32、图 2-33 中还可以明显看出 2.15m 瀑布跌落到 0.67m 集水坑后再向两侧分开跌落，形成动、奇、幽的景观效果。

（4）看剖面图

对照平面图的剖切位置、轴线编号，了解断面形状、结构形式、材料、做法及各部高度。

从图 2-34 假山剖面图中可见，假山山体采用在砖砌体骨架外围用钢筋骨架支撑 C20 混

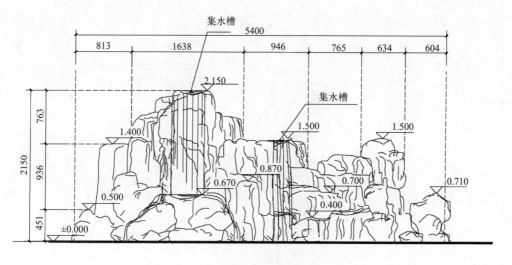

图2-32 假山正立面图

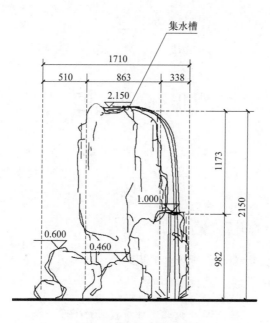

图2-33 假山侧立面图

凝土塑假山形，最后于表面喷棕黄色真石漆而成。

（5）看基础平面图和基础剖面图

了解基础的形状、大小、结构、材料、做法等。由于本例基础结构简单，基础剖面图绘在假山剖面图中，毛石基础底部标高为-1.50m，顶部标高为-0.30m。具体做法见文字。

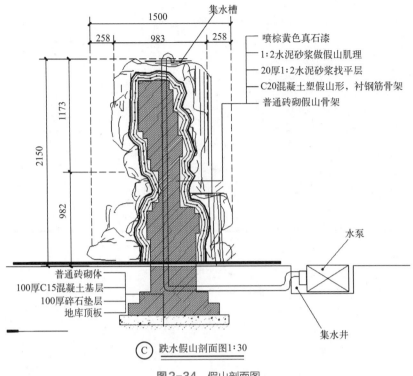

图 2-34 假山剖面图

2.5 园林给排水施工图识图与制图

园林给排水施工图是园林工程施工图的一个重要组成部分，涵盖给水工程和排水工程。给排水施工图由给排水设计说明及图例说明、给排水总平面图、给排水系统图和给排水管道安装详图组成。

2.5.1 给排水设计说明及图例说明

给排水说明主要包含给排水系统设计的规范要求和施工的工艺要求等内容，并列出图中所用图例，方便施工图的识读，见表 2-5 所示。

表 2-5 给排水管道及附件图例

序号	名称	图例	说明
1	管道	——— J ———	用汉语拼音字头表示管道类别
2	交叉管	┼	指管道交叉不连接在下方和后面的管道应断开
3	三通连接	┬	
4	承插连接	⌒	
5	明沟排水	坡向 →	

续表

序号	名称	图例	说明
6	管道固定支架		
7	管道立管	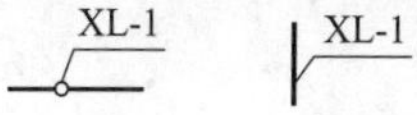 XL-1 平面　　XL-1 系统	X 为管道类别代号
8	放水龙头	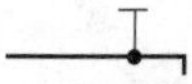	
9	室内消火栓		
10	存水弯		
11	检查口	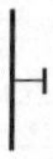	
12	清扫口	平面　　系统	
13	通气帽		
14	圆形地漏	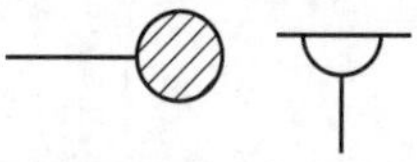	
15	阀门井　检查井		
16	截止阀	 DN≥50　　DN<50	
17	水表井		本图例与流量计相同
18	洗脸盆	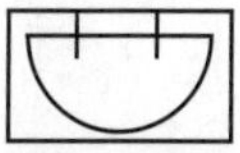	
19	浴盆	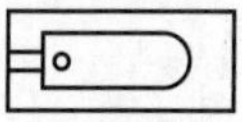	
20	污水池		
21	蹲式大便器	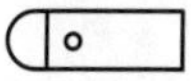	
22	坐式大便器	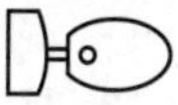	

2.5.2 给排水总平面图

给排水平面图是表示给排水平面中管道的位置和走向关系的图，主要通过图例和线条表示出给排水管网的走向、管径的规格、管道附件的位置等。一般给水管网平面图和排水管网平面图分别绘制。如一张平面图上需绘出给水和排水两种管道时，则两种管道的线型要留有一定距离，避免互相混淆，所以，平面图上的线条都是示意性的，它并不能说明真实安装情况。如图 2-35 所示。

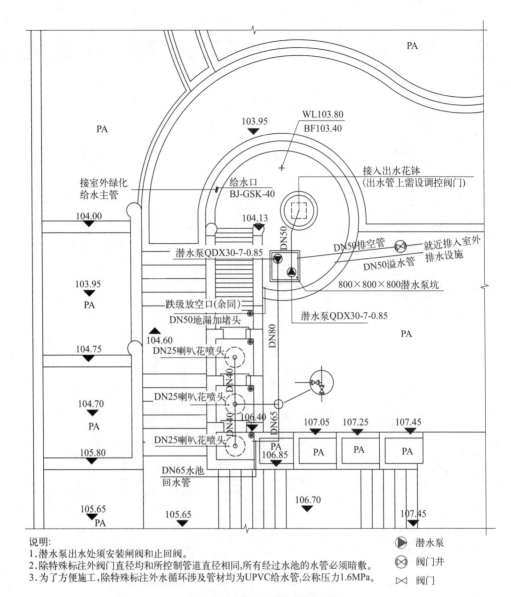

图2-35 循环水系统总平面图

2.5.3 给排水系统图

给排水系统图是给排水管线的立体示意图，是用轴测投影的方法来表示给排水管道系统的上、下层之间，前后、左右之间的空间关系的。在系统图中除注有各管径尺寸及主管编号外，还注有管道的标高和坡度。如图2-36、图2-37所示。

排水管道系统图与给水管道系统图图示方法基本相同，只是使用的图例不同。

2.5.4 给排水管道安装详图

给排水管道安装详图，是表明给排水工程中某些设备或管道节点的详细构造与安装要求的大样图。如图2-38、图2-39所示。

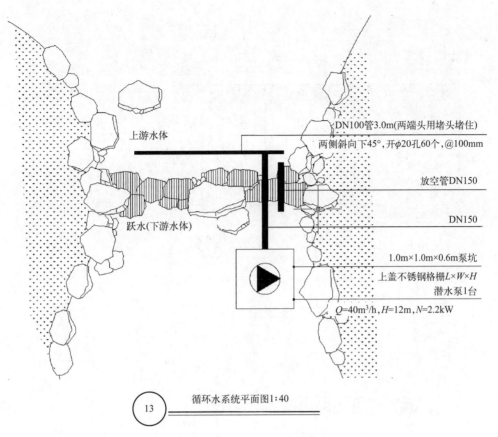

图2-36 循环水系统平面图

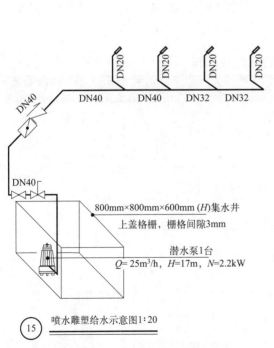

图2-37 喷水雕塑给水示意图

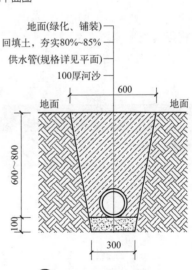

说明：
1. 给水管道埋设尽量利用区内建筑设计给水管网部分埋设；
2. 给水管埋于绿化带中时，回填土不得小于600mm；埋设于铺装下时，管道离地面不得小于800mm。

图2-38 给水管道埋设图

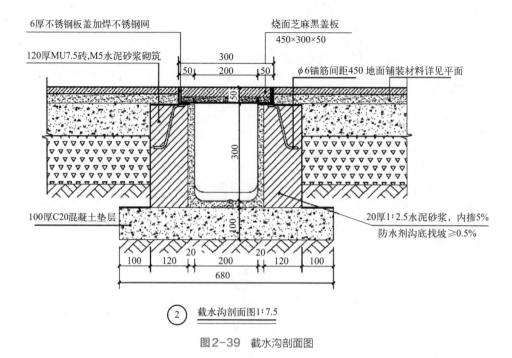

图2-39 截水沟剖面图

2.6 园林电气施工图识图与制图

园林电气施工图是园林工程施工图的一个组成部分,它以统一规定的图形符号(表2-6),辅以简单扼要的文字说明,把电气设计内容明确地表示出来,用以指导园林工程电气的施工。主要包括施工图说明及图例、景观电气总平面图和景观配电系统图。

表2-6 常用电气线路、灯具图例

名称	图例	名称	图例
各种灯的一般符号	⊗	花灯	✺
单管荧光灯		壁灯	
双管荧光灯		事故照明灯	
三管荧光灯		吊式风扇	
半圆罩天棚灯		单相双极暗插座	
防水防尘灯	⊗	单相带接地暗插座	
圆球灯	●	三相四极暗插座	
灯上插座		单极拉线开关	

续表

名称	图例	名称	图例
单极（联）明装搬把开关		管线由上引来并引下	
单极（联）暗装搬把开关		管线由下引来并引上	
双极（联）暗装搬把或跷板开关		动力配电箱	
三极（联）暗装搬把或跷板开关		照明配电箱	
双控明装搬把开关		架空电源引入线	
双控暗装搬把开关		线缆电源埋地引入线	
自动空气开关	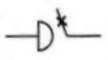	两根导线	
双极刀开关多线标识		三根导线	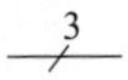
三极刀开关多线标识		n 根导线	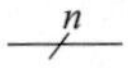
双极刀开关单线标识		接地装置有接地极	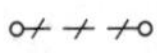
三极刀开关单线标识		接地装置无接地极	
熔断器一般符号		电铃	
管线由上引来、管线引上		电度表	
管线由下引来、管线引下		暗装接线盒	

2.6.1 电气施工图设计说明及图例说明

设计说明一般是说明设计的依据、工程概况、设计范围，对施工方法、施工材料和注意事项提出要求，说明图中未尽的事宜等。

2.6.2 电气平面图

电气平面图是电气设备安装的重要依据，是以同一层内不同高度的电气设备及线路都投影到同一平面上来表示的（图2-40）。

电气照明平面图是电气施工的主要图纸，用来表明电源进户线的位置、规格、穿线管径，配电盘的位置、编号，配电线路的位置、敷设方式，配电线的规格、根数、穿管管径，各种电器的位置（如灯具的位置）、种类、数量、安装方式、高度，以及开关、插销的位置，各支路的编号及要求等。

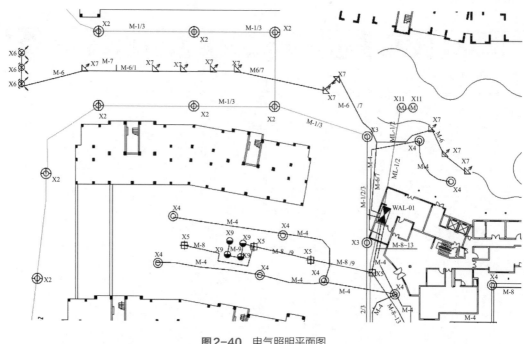

图 2-40　电气照明平面图

2.6.3　电气系统图

电气系统图是根据用电量和配电方式画出的,是表明配电系统的组成及连接的示意图。电气系统图分为电力系统图、照明系统图和弱电（电话、广播等）系统图。电气系统图（图 2-41）上标有整个建筑物内的配电系统和容量分配情况、配电装置、导线型号、截面、敷设方式及管径等（图 2-42、图 2-43）。

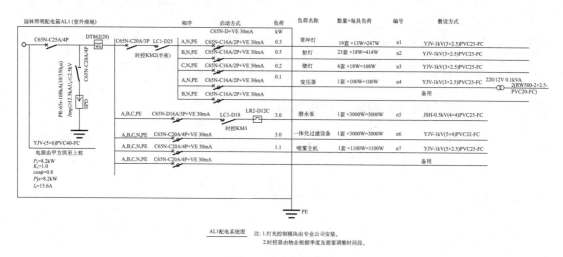

图 2-41　电气系统图

2.6.4　电气详图

电气详图一般采用标准图，主要表明线路敷设，灯具、电气安装及防雷接地，配电箱制

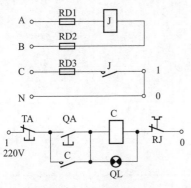

图2-42 三相潜水泵二次接线图

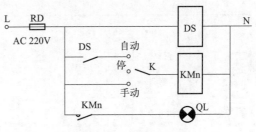

时控KM1建议开启时间为18:00-次日6:00
时控KM2建议开启时间为19:00-22:00

图2-43 时控二次接线图

作和安装的详细做法及要求。电气安装工程的局部安装大样、配件构造等均要用电气详图表示出来才能施工。电气详图的施工做法均参考标准图或通用图册（图2-44、图2-45所示。）

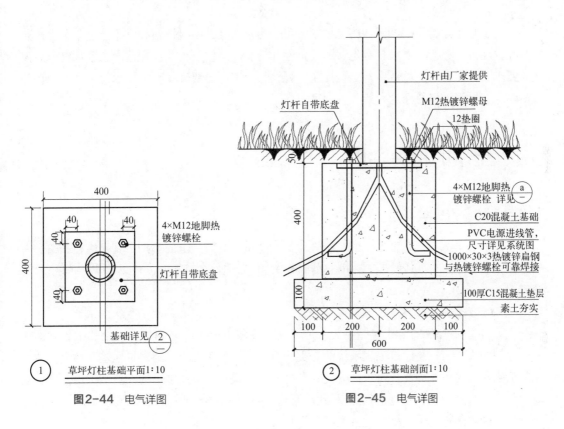

图2-44 电气详图   图2-45 电气详图

模块 3
园林绿地土方工程

土方工程根据其使用期限和施工要求，可分为永久性和临时性两种。不论是永久性还是临时性的土方工程，都要求具有足够的稳定性和密实度，使工程质量和艺术造型都符合原设计的要求。自然界的土类众多，工程性质各异，在施工中还要遵守有关技术规范和原设计的各项要求，保证工程的稳定和持久。

3.1　土壤的相关性质

3.1.1　土壤的分类

土壤的分类体系就是根据土的工程性质差异将土划分成一定的类别，其目的在于通过一种通用的鉴别标准，以便于在不同土类间作有价值的比较、评价、积累和学术与经验的交流。

（1）土壤的划分体系

土壤的分类体系采用的指标要在一定程度上反映工程土的不同特性。土的工程分类体系一般有两大类，一是建筑工程系统的分类体系——侧重于把土作为建筑地基和环境，故以原状土为基本对象。因此，对土的分类除考虑土的组成外，很注重土的天然结构性，即土粒联结与空间排列特征。二是工程材料系统的分类体系——侧重于把土作为建筑材料，用于路堤、土坝和填土地基等工程；此分类体系以扰动土为基本对象，注重土的组成，不考虑土的天然结构性。

在我国，为了统一工程用土的鉴别、定名和描述，同时也便于对土的性状作出定性评价，制定了国家标准《土的分类标准》（GBJ 145-90）。它的分类体系基本采用了与卡氏标准（苏联卡庆斯基制土壤质地分类）相似的分类原则，所采用的简便易测的定量分类指标，最能反映土的基本属性和工程性质，也便于电子计算机进行资料检索。对于一般无机土的分类，首先根据土的粒度成分，将土划分为巨粒土、含巨粒土、粗粒土和细粒土。粗粒土又细分为砾类土和砂类土,并根据细粒含量和级配好坏细分;细粒土则根据其在塑性图上的位置进一步细分。对于一般土分类时,首先应判别土属于有机土还是无机土。一般土的分类体系如图3-1所示。

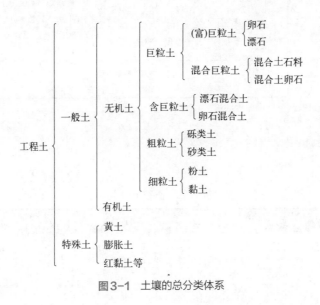

图3-1 土壤的总分类体系

(2)土壤的划分

在考虑划分标准时注重土的天然结构特性和强度,并始终与土的主要工程特性——变形和强度特征紧密联系。因此,首先考虑了按堆积年代和地质成因的划分,同时将某些特殊形成条件和特殊工程性质的区域性特殊土与普通土区别开来。在此基础上,总体再按颗粒级配或塑性指数分为碎石土、砂土、粉土和黏性土四大类,并结合堆积年代、成因和某种特殊性质综合定名。

1)按堆积年代及土质成因分类

晚更新世 Q3 及其以前沉积的土,应定为老沉积土;第四纪全新世中近期沉积的土,应定为新近沉积土。

根据地质成因,可划分为残积土、坡积土、洪积土、冲积土、淤积土、冰积土和风积土等。

2)按有机质含量分类

土壤根据有机质含量分为无机土、有机质土、泥炭质土和泥炭,如表3-1所示。

表3-1 土壤按有机质含量分类

分类名称	有机质含量	现场鉴别特征	说明
无机土	$w_u < 5\%$	—	—
有机质土	$5\% \leq w_u \leq 10\%$	灰、黑色,有光泽,味臭,除腐殖质外尚含少量未完全分解的动植物遗体,浸水后水面出现气泡,干燥后体积收缩	如现场能鉴别有机质土或有地区经验时,可不做有机质含量测定;当 $w > w_L$, $1.0 \leq e < 1.5$ 时称淤泥质土;当 $w > w_L$, $e \geq 1.5$ 时称淤泥

续表

分类名称	有机质含量	现场鉴别特征	说明
泥炭质土	$10\% < w_u \leqslant 60\%$	深灰或黑色，有腥臭味，能看到未完全分解的植物结构，浸水体胀，易崩解，有植物残渣浮于水中，干缩现象明显	根据地区特点和需要，w_u 细分为：弱泥炭质土（$10\% < w_u \leqslant 25\%$），中泥炭质土（$25\% < w_u \leqslant 40\%$），强泥炭质土（$40\% < w_u \leqslant 60\%$）
泥炭	$w_u > 60\%$	除有泥炭质土特征外，结构松散，土质很轻，暗无光泽，干缩现象极为明显	

注：表中 w_u 为有机质含量，w 为含水量，w_L 为液限，e 为孔隙比。

3）按颗粒级配和塑性指标分类

见表 3-2～表 3-5 所示。

表 3-2　碎石土分类

土的名称	颗粒形状	颗粒级配
漂石	圆形及亚圆形为主	粒径 >200mm 的颗粒超过全重 50%
块石	棱角形为主	
卵石	圆形及亚圆形为主	粒径在 20~200mm 的颗粒超过全重 50%
碎石	棱角形为主	
圆砾	圆形及亚圆形为主	粒径在 2~20mm 的颗粒超过全重 50%
角砾	棱角形为主	

注：定名时，应根据颗粒级配由大到小以最先符合者确定。

表 3-3　砂土分类

土的名称	颗粒级配
砾砂	粒径 > 2mm 的颗粒占全重 25%～50%
粗砂	粒径 > 0.5mm 的颗粒超过全重 50%
中砂	粒径 > 0.25mm 的颗粒超过全重 50%
细砂	粒径 > 0.075mm 的颗粒超过全重 85%
粉砂	粒径 > 0.005mm 的颗粒超过全重 50%

注：定名时应根据颗粒级配由大到小以最先符合者确定。当砂土中粒径 < 0.075mm 的土的塑性指数 $I_p > 10$ 时，应冠以"含黏性土"定名，如含黏性土粗砂等。

表 3-4　粉土分类

土的名称	颗粒级配
砂质粉土	粒径 < 0.005mm 的颗粒含量不超过全重 10%
黏质粉土	粒径 < 0.005mm 的颗粒含量占全重 10%～17%

表 3-5　黏性土分类

土的名称	塑性指数
砂质粉土	$10 < I_p \leq 17$
黏土	$I_p > 17$

注：确定塑性指数 I_p 时，被限以 76g 瓦氏圆锥仪入土深度 10mm 为准；塑限以搓条法为准。

4）特殊土

具有一定分布区域或工程意义上具有特殊成分、状态和结构特征的土称为特殊土，分为湿陷性土、红黏土、软土（包括淤泥和淤泥质土）、混合土、人工填土、多年冻土、膨胀土、盐渍土、污染土。

3.1.2 土的鉴别

在勘探过程中取得的土样，必须及时用肉眼鉴别，初步确定土的名称、颜色、状态、湿度、密度、含有物、工程地质特征等，作为划分土层、进行工程地质分析和评价的依据。

（1）土的野外鉴别方法

在园路等勘测过程中，除了在沿线按需要采集一些土样带回实验室测试有关指标数值外，常常还要在现场用眼观、手触、借助简易工具和试剂及时直观地对土的性质和状态作出初步鉴定，其目的是为选样、设计和编制工程预算提供第一手资料。对此，要求在勘测现场必须做到：第一，对取样土层的宏观情况作出较详细的描述和记录，并对其土层的基本性质作出初步判别；第二，对所取土样应直观地作出肉眼描述和鉴别，并定出土名，以供室内试验后定名参考。

（2）土的现场记录

在取土样时，应从宏观上对土层进行描述并作出详细记录，其内容包括：

① 取样日期、地点或里程（或桩号）、方向或左右位置、沉积环境；
② 土层的地质时代、成因类型和地貌特征；
③ 取样深度及层位、何级阶地、阴阳边坡；
④ 取样点距地下水位的高度和毛细水带的位置，季节和天气（晴、阴、雨、雪等）；
⑤ 取样土层的结构、构造、密实和潮湿程度或易液化程度等；
⑥ 取样土层内夹杂物含量及分布；
⑦ 取样时土的状态（原状或扰动）。

（3）土的野外描述

见表 3-6 所示。

表 3-6　土的野外描述内容

分类	描述内容
碎石类土	名称、颜色、颗粒成分、粒径组成、颗粒风化程度、磨圆度、充填物成分、性质及含量、密实程度、潮湿程度等

续表

分类	描述内容
砂类土	名称、颜色、结构及构造、颗粒成分、粒径组成、颗粒形状、密实程度、潮湿程度等
黏性土	名称、颜色、结构及构造、夹杂物性质及含量、潮湿和密实程度等

（4）土的试验方法

现场的简易试验一般只适用于＜0.5mm 颗粒的土样，其方法如下。

① 可塑状态。将土样调到可塑状态，根据能搓成土条的最小直径（ϕ）来确定土类。搓成 ϕ＞2.5mm 土条而不断的为低液限土；搓成 ϕ=1～2.5mm 土条而不断的为中液限土；搓成 ϕ＜1.0mm 土条而不断的为高液限土。

② 湿土揉捏感觉（手感）。将湿土用手揉捏，可感到颗粒的粗细。低液限土有砂粒感，带粉性的土有面粉感，黏附性弱；中液限土微感砂粒，有塑性和黏附性；高液限土无砂粒感，塑性和黏附性大。

③ 干强度。对于风干的土块，根据手指捏碎或扳断时用力大小，可区分为：干强度高，很难捏碎，抗剪强度大；干强度中等，稍用力时能捏碎，容易劈裂；干强度低，易于捏碎或搓成粉粒。

当土中含有高强水溶胶结物质或碳酸钙时（如黄土），将使其具有较高的干强度，因此，需辅以稀盐酸反应来鉴别。方法是用 2：1（水：浓盐酸）的稀盐酸滴在土块上，泡沫很多，且持续时间很长，表示含大量碳酸盐，如无泡沫出现，表示不含碳酸盐。

④ 韧性试验。将土调到可塑状态，搓成 3mm 左右的土条，再揉成团，重复搓条。根据再次搓成条的可能性与否，可区分为：韧性高，能再成条，手指捏不碎；中等韧性，可搓成团，稍捏即碎；低韧性，不能再揉成团，稍捏或不捏即碎。

⑤ 摇振试验。将塑性状态为软塑至流动的小块，团成小球状放在手上反复摇晃，并用另一手击振该手掌，土中自由水析出土球表面，呈现光泽；用手捏土球时，表面水分又消失。根据水分析出和消失的快慢，可区分为：反应快，水析出与消失迅速；反应中等，水析出与消失中等；无反应，土球被击振时无析水现象。

⑥ 盐渍土的简单定性试验。取土数克，捏碎，放入试管中，加水 10mL，用手堵住管口，摇荡数分钟后过滤，取滤液少许，分别放入另外几个试管中，用下列方法鉴定溶盐的种类。

A. 在试管中滴入 1：1 的水和浓硝酸以及 10% 的硝酸银溶液各数滴，如有白色沉淀（氯化银）出现时，则土中有氯化盐类存在。

B. 在试管中加入 1：1 的水和浓盐酸以及 10% 的氯化钡溶液各数滴，如有白色沉淀（硫酸钡）出现时，则土中有硫酸盐类存在。

C. 在试管中加入酚酞指示剂 2～3 滴，如呈现樱桃红色，则土样中有碳酸盐类存在。

3.1.3 土的工程性质

土的工程性质关系到土方工程的稳定性、施工方法、工程量及工程投资，也涉及工程设计、施工技术和施工组织的安排。

（1）土壤容重

土壤容重是指单位体积内天然状况下的土壤质量，单位为千克/米³（kg/m^3）。土壤容重的大小直接影响着施工的难易程度，容重越大挖掘越难，在土方施工中把土壤分为松土、半坚土、坚土等类别，所以施工中施工技术和定额应根据具体的土壤类别来制订。各种土壤的容重见表3-7所示。

表3-7 土壤的工程分类表

类别	级别	编号	土壤名称	天然含水状态下土壤的平均容重/（kg/m^3）	可松性系数 K_P	可松性系数 K'_P	挖掘方法工具
松土	I	1	砂	1500	1.08～1.17	1.01～1.025	用锹挖掘
		2	植物土壤	1200	1.20～1.30	1.03～1.04	
		3	壤土	1600	1.08～1.17	1.01～1.04	
半坚土	II	1	黄土类黏土	1600	1.14～1.30	1.015～1.05	用锹、镐挖掘，局部用撬棍挖掘
		2	15mm以内的中小砾石	1700			
		3	砂质黏土	1650			
		4	混有碎石与卵石的腐殖土	1750			
	III	1	稀软黏土	1800	1.24～1.30	1.04～1.07	
		2	15～50mm碎石与卵石	1750			
		3	干黄土	1800			
坚土	IV	1	重质黏土	1950	1.26～1.37	1.06～1.15	用锹、镐、撬、凿子、铁锤等开挖，或用爆破方法开挖
		2	含有50kg以下石块的黏土，块石所占体积<10%	2000			
		3	含有10kg以下石块的粗卵石	1950			
	V	1	密实黄土	1800	1.30～1.45	1.10～1.20	
		2	软泥灰岩	1900			
		3	各种不坚实的页岩	2000			
		4	石膏	2200			
	VI		均为岩石	7200	1.30～1.45	1.10～1.20	爆破

（2）土壤安息角

土壤自然堆积，经沉落稳定后的表面与地平面所形成的夹角，就是土壤的安息角，也称为土壤的自然倾斜角，以 α 表示，见图3-2。在土方工程设计或施工时，为了使工程稳定，其边坡坡度数值应合乎相应土壤的安息角的数值。土壤安息角受到其含水量的影响，如表3-8所示。

在高填或深挖时，应考虑土壤各层分布的土壤性质，以及同一土层中土壤所受压力的变化，根据其压力变化采取相应的边坡坡度，例如填筑一座高12m的山（土壤质地相同），因考虑到各层土壤所承受的压力不同，可按其高度分层确定边坡坡度，如图3-3所示。

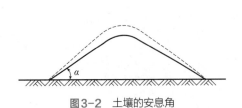
图3-2 土壤的安息角

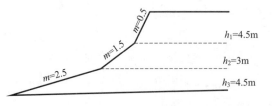
图3-3 分层边坡

表3-8 土壤的安息角

土壤名称	含水量不同的土壤			土壤颗粒尺度/mm
	干土	潮土	湿土	
砾石	40°	40°	35°	2～20
卵石	35°	45°	25°	20～200
粗砂	30°	32°	27°	1～2
中砂	28°	35°	25°	0.5～1
细砂	25°	30°	20°	0.05～0.5
黏土	45°	35°	15°	<0.001～0.005
壤土	50°	40°	30°	—
腐土	40°	35°	25°	—

（3）土壤含水量

土壤的含水量是土壤孔隙中的水量和土壤颗粒重的比值。土壤含水量在5%以内称干土，在5%～30%称潮土，大于30%称湿土。土壤含水量的多少，对土方施工的难易也有直接的影响。土壤含水量过小，土质过于坚实，不易挖掘。含水量过大，土壤泥泞，也不利施工，工效降低。以黏土为例，含水量在5%～30%以内最易挖掘，若含水量过大时，则其本身性质发生很大变化，并丧失稳定性，此时无论是填方或挖方，其坡度都显著下降，因此含水量过大的土壤不宜做回填之用。各种土壤最佳含水量见表3-9所示。

表3-9 各种土壤最佳含水量

土壤名称	最佳含水量	土壤名称	最佳含水量
粗砂	8%～10%	黏土	20%～30%
细砂和黏质砂土	10%～15%	重黏土	30%～35%
砂质黏土	6%～22%		

（4）土壤相对密实度

它是用来表示土壤在填筑后的密实程度的，可用下列公式表达。

$$D = \frac{\varepsilon_1 - \varepsilon_2}{\varepsilon_1 - \varepsilon_3}$$

式中　D——土壤相对密实度；

　　　ε_1——填土后最松散状况下的孔隙比；

　　　ε_2——经碾压或夯实后的土壤孔隙比；

　　　ε_3—最密实情况下土壤孔隙比。

（注：土壤孔隙比是指土壤孔隙的体积与土体颗粒体积的比值）

在填方工程中土壤的相对密实度是检查土壤施工中密实程度的标准，为了使土壤达到设计要求的密实度，可以采用人力夯实或机械夯实。一般采用机械压实，其密实度可达95%，人力夯实在87%左右。大面积填方如堆山等，通常不加夯压，而是借土壤的自重慢慢沉落，久而久之也可达到一定的密实度。

（5）土壤可松性

土壤可松性指土壤经挖掘后，其原有紧密结构遭到破坏，土体松散而使体积增加的性质。这一性质与土方工程的挖土和填土量的计算及运输等都有很大关系。

土壤可松性可用下列公式表示。

最初可松性系数

$$K_P = \frac{V_2}{V_1}$$

最后可松性系数

$$K'_P = \frac{V_3}{V_1}$$

式中　V_1——开挖后土壤的松散体积；

　　　V_2——开挖前土壤的自然体积；

　　　V_3——运至夯土方区夯实后的土壤体积。

就体积增加的百分比而言，用下式表示。

最初体积增加百分比 $= \frac{V_2 - V_1}{V_1} \times 100\% = (K_P - 1) \times 100\%$

最后体积增加百分比 $= \frac{V_3 - V_1}{V_1} \times 100\% = (K'_P - 1) \times 100\%$

各种土壤体积增加的百分比及其可松性系数，见表3-10。

表3-10　土壤的可松性

土壤的级别		体积增加百分比 /%		可松性系数	
		最初	最后	K_P	K'_P
Ⅰ类土（松软土）	植物性土壤除外	8～17	1～2.5	1.08～1.17	1.01～1.025
	植物性土壤、泥炭、黑土	20～30	3～4	1.20～1.30	1.03～1.04
Ⅱ类土（普通土）		14～28	1.5～5	1.14～1.30	1.015～1.05
Ⅲ类土（坚土）		24～30	4～7	1.24～1.30	1.04～1.07
Ⅳ类土（砂砾坚土）	泥炭岩、蛋白石除外	26～32	6～9	1.26～1.32	1.06～1.09
	泥炭岩、蛋白石	33～37	11～15	1.33～1.37	1.11～1.15

续表

土壤的级别	体积增加百分比 /%		可松性系数	
	最初	最后	K_p	K_p'
Ⅴ类土（软石）	30～45	10～20	1.30～1.45	1.10～1.20
Ⅵ类土（次坚石）	30～45	10～20	1.30～1.45	1.10～1.20
Ⅶ类土（坚石）	30～45	10～20	1.30～1.45	1.10～1.20
Ⅷ类土（特坚石）	45～50	20～30	1.45～1.50	1.20～1.30

3.2 园林土方工程施工

园林景观设计的地形效果必须要靠土方施工来达成。任何建筑物、构筑物、道路及广场等工程的修建，都要在地面做一定的基础，如挖掘基坑、路槽等，这些工程都是从土方施工开始的。园林中地形的利用、改造或创造，如挖湖堆山、平整场地都要动用大量土方。土方施工的速度和质量，直接影响后续工程，所以它和整个建设工程的关系密切。土方工程的投资和工程量一般都很大，有的大工程施工期很长。为了使工程能多快好省地完成，必须做好土方工程的设计和施工安排。

3.2.1 土方施工

（1）准备工作

1）研究和审查图纸

检查图纸和资料是否齐全，核对平面尺寸和标高，图纸相互间有无错误和矛盾；了解设计内容及各项技术要求，了解工程规模、特点、工程量和质量要求；熟悉土层地质、水文勘察资料；会审图纸，搞清构筑物与周围地下设施管线的关系；研究好开挖程序，明确各专业工序间的配合关系、施工工期要求；向参加施工人员层层进行技术交底。

2）查勘施工现场

摸清工程场地情况，收集施工需要的各项资料，包括施工场地地形、地貌、地质水文、河流、气象、运输道路、植被、邻近建筑物、地下基础、管线、电缆坑基、防空洞、地面上施工范围内的障碍物和堆积物状况，供水、供电、通信情况，防洪排水系统等，以便为施工规划和准备提供可靠的资料和数据。

3）编制施工方案

研究制订现场场地整平、土方开挖施工方案；绘制施工总平面布置图和土方开挖图；确定开挖路线、顺序、范围、底板标高、边坡坡度、排水沟水平位置，以及挖去的土方堆放地点；提出需用施工机具、劳力、推广新技术计划；深开挖还应提出支护、边坡保护和降水方案。

4）平整施工场地

按设计或施工要求范围和标高平整场地，将土方弃到规定弃土区；凡在施工区域内，影响工程质量的软弱土层、淤泥、腐殖土、大卵石、孤石、垃圾、树根、草皮及不宜作填土和回填土料的稻田湿土，应分情况采取全部挖除、设排水沟疏干、抛填块石或砂砾等方法进行妥善处理。

5）清除现场

在施工地范围内，凡是有碍工程的开展或影响工程稳定的地面物或地下物都应该清理，例如不需要保留的树木、废旧建筑物或地下构筑物等。

① 伐除树木，现场及排水沟中的树木，必须连根拔除，清理树墩除用人工挖掘外，直径在 50cm 以上的大树墩可用推土机铲除。凡能保留者尽量设法保留。

② 建筑物和地下构筑物的拆除，应根据其结构特点进行工作，并遵照《建筑工程安全技术统一规范》（GB 50870—2013）的规定进行操作。

③ 如果在施工场地内的地面、地下或水下发现有管线通过或存在其它异常物体，应事先请有关部门协同查清，未查清前，不可动工，以防发生危险或造成其它损失。

④ 在黄土地区或有古墓地区，应在工程基础部位，按设计要求位置，用洛阳铲进行铲探，发现墓穴、土洞、地道（地窖）、废井等时，应对地基进行局部加固处理。

6）做好排水设施

场地积水不仅不便于施工，而且也影响工程质量，在施工之前，应该设法将施工场地范围内的积水或过高的地下水排走。

① 排除地面积水。在施工前，应根据施工区地形特点在场地周围挖好排水沟（在山地施工时为防山洪，在山坡上方应做截洪沟），使场地内排水通畅，而且场外的水也不致流入。在低洼池施工或挖湖施工时，除挖好排水沟外，必要时还应加筑围堰或设防水堤。为了使排水通畅，排水沟的纵坡不应小于 2‰，沟的边坡值为 1∶1.5，沟底宽及沟深不小于 50cm。

② 地下水的排除。排除地下水的方法很多，但一般采用明沟，引至集水井，并用水泵排除。在挖湖施工中应先挖排水沟，排水沟的深度应深于水体挖深。沟可一次挖掘到底，也可以依施工情况分层下挖。

7）设置测量控制网

测量控制网应根据给定的国家永久性控制坐标和水准点，按施工总平面要求，引测到现场。测量控制网包括控制基线、轴线和水平基准点，应做好轴线控制的测量和校核。控制网要避开建筑物、构筑物、土方机械操作及运输线路，并有保护标志；场地整平应设 10m×10m 或 20m×20m 方格网，在各方格点上做控制桩，并测出各标桩的自然地形标高，作为计算挖、填土方量和施工控制的依据。当灰线、标高、轴线复核无误后，方可进行场地整平和开挖。

① 平整场地放线。用经纬仪将图纸上的方格测设到地面上，并在每个角点处立桩木，边界的桩木依图纸要求设置。桩上应示出桩号（施工图上方格网的编号）和施工标高（挖土用"＋"号，填土用"－"号）。如图 3-4、图 3-5 所示。

图3-4　现场桩木示意图

图3-5　平整场地的放线

② 自然地形放线。如挖湖堆山时的放线，首先应确定堆山或挖湖的边界线，把施工图中的方格网测设到地面上（图3-6），而后把设计地形等高线和方格网的交点，一一标到地面上并打桩，桩木上要标明桩号及施工标高（图3-7）。

图3-6　挖湖现场放线图

图3-7　堆山现场放线图

③ 山体放线。堆山时由于土层不断升高，桩木可能被土埋没，所以桩的长度应大于每层填土的高度。土山不高于5m的，可用长竹竿做标高桩，在桩上把每层的标高定好，不同层可用不同颜色的标志，以便识别，见图3-8（a）；土山高于5m的，分层放线，分层设置标高桩，见图3-8（b）。

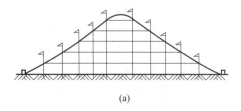
图3-8　堆山的放线

④ 水体放线。挖湖工程的放线工作和山体的放线基本相同,但由于水体挖深一般较一致,而且池底常年淹没在水下,放线可以粗放些,但水体底部应尽可能平整,不留土墩。岸线和岸坡的定点放线应该准确,这关系到造景和水体岸坡的稳定性。为了精确施工,可以用坡度测量仪来控制边坡坡度(图3-9)。

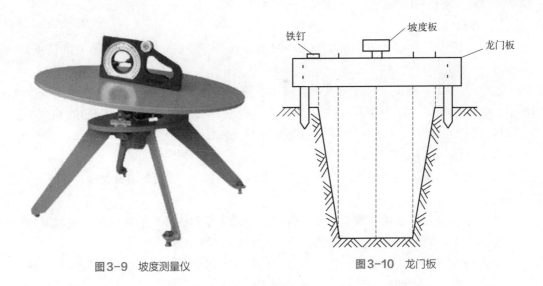

图3-9 坡度测量仪　　　　图3-10 龙门板

⑤ 沟渠放线。开挖沟槽时,使用龙门板,见图3-10。龙门板构造简单,使用也方便。每隔30～100m设龙门板一块,其间距视沟渠纵坡的变化情况而定。板上应标明沟渠中心线位置以及沟上口、沟底的宽度等。板上还要设坡度板,用坡度板来控制沟渠纵坡。龙门板桩一般应离开坑缘1.5～2m,以利保存。

8) 修建临时设施及道路

根据土方和基础工程规模、工期长短、施工力量安排等修建简易的临时性生产和生活设施(如工具库、材料库、油库、机具库、修理棚、休息棚、菜炉棚等),同时附设现场供水、供电、供压缩空气(爆破石方用)管线路,并进行试水、试电、试气。修筑施工场地内机械运行的道路,主要临时运输道路宜结合永久性道路的布置修筑。道路的坡度、转弯半径应符合安全要求,两侧做排水沟。

9) 准备机具、物资及人员

做好设备调配,对进场挖土、运输车辆及各种辅助设备进行维修检查,试运转,并运至使用地点就位。准备好施工用料及工程用料,按施工平面图要求堆放。组织并配备土方工程施工所需各专业技术人员、管理人员和技术工人;组织安排好作业班次;制订较完善的技术岗位责任制和涵盖技术、质量、安全等的网格化管理框架;建立技术责任制和质量保证体系。对拟采用的土方工程新机具、新工艺、新技术,组织力量进行研制和试验。

上述各项准备工作及土方施工一般按先后顺序进行,但有时要穿插进行,不仅是为了缩短工期,也是工作协调配合的需要。例如,在土方施工过程中,仍可能会发现新的异常物体需要处理;施工时也会碰上新的降水;桩线也可能被破坏或移位等。因此,上述准备工作可以说是要贯穿土方施工的整个过程,以确保工程施工按质、按量、按期顺利完成。

（2）土方现场施工

土方工程施工包括挖、运、填、压、修五部分内容。其施工方法有人力施工、机械化和半机械化施工。施工方法的选用要依据场地条件、工程量和当地施工条件而定。在土方规模较大、较集中的工程中采用机械化施工较经济。但对工程量不大、施工点较分散的工程或因受场地限制，不便采用机械施工的地段，应该用人力施工或半机械化施工。

1）挖土

土方开挖程序一般是测量放线→切线分层开挖→排降水→修坡→整平→留足预留土层等。

① 人力施工。施工工具主要是锹、镐、条锄、板锄、铁锤、钢钎、手推车、坡度尺、梯子、线绳等。人力施工关键是组织好劳动力，适用于一般园林建筑、构筑物的基坑（槽）和管沟，以及小溪、带状种植沟和小范围整地的挖土工程。

施工过程中应注意以下几个方面。

A. 施工人员有足够工作面，以免互相碰撞，发生危险。一般平均每人应有 4～6m^2 的作业面积。

B. 开挖土方附近不得有重物和易坍落物体。凡在挖方边缘上侧临时堆土或放置材料，应与基坑边缘至少保持 1m 以上的距离，堆放高度不得超过 1.5m。

C. 随时注意观察土质情况，符合挖方边坡要求。操作时应随时注意土壁的变动情况，当垂直下挖超过规定深度（≥2m），或发现有裂痕时，必须设支撑板支撑。

D. 土壁下不得向里挖土，以防坍塌。在坡上或坡顶施工者，不得随意向坡下滚落重物。

E. 深基坑上下应先挖好阶梯或开斜坡道，并采取防滑措施，严禁踩踏支撑上下，坑的四周要设置明显的安全栏。

F. 相邻场地、基坑开挖时，应遵循先深后浅或同时进行的施工程序。挖土应从上而下水平分段分层进行，每层约 0.3m，严禁先挖坡脚或逆坡挖土。做到边挖边检查坑底宽度及坡度，每 3m 修一次坡，挖至设计标高后，应进行一次全面清底，要求坑底凹凸不得超过 1.5cm。凡基坑挖好后不能立即进行下道工序的，应预留 15～30cm 厚的层土不挖，待下一道工序开始时再挖至设计标高。

G. 按设计要求施工，施工过程中注意保护基桩、龙门板或标高桩。

H. 土方开挖时，应防止邻近已有建筑物或构筑物、道路、管线等发生下沉或变形。

I. 施工中如发现有文物或古墓等，应保护好现场并立即报告当地文物管理部门，待妥善处理后方可继续施工。如发现有国家永久性测量控制点必须予以保护。凡在已铺设有各种管线（如电缆等）的地段施工，应事先与相关管理部门取得联系，共同采取措施，以免损坏管线。

J. 遵守其它施工操作规范和安全技术要求。

② 机械挖土。常用的挖方机械有推土机、铲运机、正（反）铲挖掘机、装载机等。机械挖土适用于较大规模的园林建筑、构筑物的基坑（槽）和管沟，以及较大面积的水体、大范围的整地工程挖土。机械挖土应注意如下问题。

A. 机械挖土前应将施工区域内的所有障碍物清除，并对机械进入现场的道路、桥涵等认真检查，如不能满足施工要求应予以加固；凡夜间施工的必须有足够的照明设备，并做好开挖标志，避免错挖或超挖。

B. 推土机手应识图或了解施工对象的情况，如施工地段的原地形情况和设计地形特点，最好结合模型，便于一目了然。另外施工前还要了解实地定点放线情况，如桩位、施工标高等，这样施工时司机心中有数，就能得心应手地按设计意图去塑造设计地形。这对提高工效有很大帮助，在修饰地形时便可节省许多人力物力。

C. 注意保护表土。在挖湖堆山时，先用推土机将施工地段的表层熟土（耕作层）推到施工场地外围，待地形整理停当，再把表土铺回来。这对园林植物的生长有利，人力施工地段有条件的也应当这样做。在机械施工无法作业的部位应辅以人工，确保挖方质量。

D. 为防止木桩受到破坏并有效指引推土机手，木桩应加高或做醒目标志，放线也要明显；同时施工技术人员要经常到现场校核桩点和放线，以免挖错（或堆错）位置。

E. 对于基坑挖方，为避免破坏基底土，应在基底标高以上预留一层土用人工清理。使用铲运机、推土机时一般保留土层20cm；使用正、反铲挖掘机挖土时要预留30cm。

F. 在挖土机工作范围内不得再进行其它工序施工。同时应使挖土机离边坡有一定的安全距离，且验证边坡的稳定性，以确保机械施工的安全。

G. 机械挖方宜从上到下分层分段依次进行。施工中应随时检查挖方的边坡状况，当垂直下挖深度大于1.5m时，要根据土质情况做好基坑（槽）的支撑，以防坍陷。

H. 需要将预留土层清走时，应在距槽底设计标高50cm槽帮处，找出水平线，钉上小木橛，然后用人工将土层挖去。同时在槽底两端轴线的中心处打桩并拉上通线（常用细绳）来检查距离槽边的尺寸，确定槽宽标准，以此对槽边进行修整，最后清除槽底土方。

③ 冬、雨季土方施工。土方开挖一般不在雨季进行，如遇雨天施工应注意控制工作面，分段、逐片地分期完成。开挖时注意边坡的稳定，必要时可适当放缓边坡或设置支撑，同时要在外侧（或基槽两侧）四周以土堤或开挖排水沟，防止地面水流入。在坡面上挖方时还应注意设置坡顶排水设施。整个施工过程都应加强对边坡、支撑、土堤等的检查与维护。

冬季挖方，应制订冬季施工方案并严格执行。采取防止冻结法开挖时，可在土层冻结以前用保温材料覆盖或将表层土翻耕耙松，翻耕深度根据当地气温条件确定，一般不小于30cm。开挖基坑（槽）或管沟时，要防止基础下基土受冻。如基坑（槽）挖方完毕后有较长的停歇时间才进行后续作业，则应在基底标高以上预留适当厚度（约30cm）的松土，也可用其它保温材料覆盖，以防止地基土受冻。如遇开挖土方引起邻近建筑物（或构筑物）的地基或基础暴露时，也要采取防冻措施，使其不受冻结破坏。

④ 土壁支撑。开挖基坑（槽），如地质条件较好，且无地下水，挖深又不大时，可直立开挖不加支撑；当有一定深度（但不超过4m）时可根据土质和周围条件放坡开挖，放坡后坑底宽度每边应比基础宽出15～30cm，坑（槽）上口宽度由基础底宽及边坡坡度来确定。但当开挖含水量大、场地狭窄、土质不稳定或挖深过大的土体时应采取临时性支撑加固，以保证施工的顺利和安全，并减少对邻近已有建筑物或构筑物的不良影响。

A. 横撑式支撑。开挖较窄的沟槽，多用横撑式土壁支撑。此法根据挡土板的不同，分为水平挡土板式和垂直挡土板式两类，前者依挡土板的布置不同又可分为断续式和连续式两种。湿度小的黏性土挖土深度小于3m时，可用断续式挡土板支撑；对松散、湿度大的土可用连续式水平挡土板支撑，挖土深度可达5m。垂直挡土板式支撑用于松散和湿度很大的土壤，其挖深也大。

施工时，沟槽两边应以基础的宽度为准，再各加宽10～15cm用于设置支撑加固结构。挖土时，土壁要求平直，挖好一层做一层支撑，挡土板要紧贴土面，用小木桩或横撑木顶住挡板。

B. 板桩支撑。板桩作为一种支护结构，既挡土又防水。当开挖的基坑较深，地下水位高且有出现流砂的危险时，如未采用降低地下水位的方法，则可将板桩打入土中，使地下水在土中渗流线路延长，降低水力坡度，从而防止流砂产生。在靠近原有建筑物开挖基坑时，为了防止土壁崩塌和建筑物基础下沉，也应打设板桩支护。

⑤ 挖方中常见的质量问题。

A. 基底超挖。开挖基坑（槽）或管沟均不得超过设计基底标高，如偶有超过的地方应会同设计单位共同协商解决，不得私自处理。

B. 桩基产生位移。一般出现于软土区域，碰到此土基挖方，应在打桩完成后，先间隔一段时间再对称挖土，并要求制订相应的技术措施。

C. 基底未加保护。基坑（槽）开挖后没有进行后续基础施工，没有保护土层。为此应注意在基底标高以上留出0.3m的厚土层，待基础施工时再挖去。

D. 施工顺序不合理。土方开挖应从低处开始，分层分段依次进行，形成一定坡度，以利于排水。

E. 开挖尺寸不足，基底、边坡不平。开挖时，没有加上应增加的开挖面积，使挖方面不足。故施工放线要严格，充分考虑增加的面积。对于基底和边坡应加强检查，随时校正。

F. 施工机械下沉。采用机械挖方，务必掌握现场土质条件和地下水位情况，针对不同的施工条件采取相应的措施。一般推土机、铲运机需要在地下水位0.5m以上推、铲土；挖土机则要求在地下水位0.8m以上挖土。

⑥ 安全注意事项。

A. 开挖时，两人操作间距应大于2.5m。多台机械开挖，挖土机间距应大于10m。在挖土机工作范围内，不许进行其他作业。挖土应由上而下逐层进行，严禁先挖坡脚或逆坡挖土。

B. 挖土方不得在危岩、孤石的下边或贴近未加固的危险建筑物的下面进行。

C. 开挖应严格按要求放坡。操作时应随时注意土壁的变动情况，如发现有裂纹或部分坍塌现象，应及时进行支撑或放坡，并注意支撑的稳固和土壁的变化。当采取不放坡开挖时，应设置临时支护，各种支护应根据土质及深度经计算确定。

D. 机械多台阶同时开挖，应验算边坡的稳定性，挖土机离边坡应有一定的安全距离，以防塌方，造成翻机事故。

E. 深基坑上下应先挖好阶梯或支撑靠梯，或开斜坡道，并采取防滑措施，禁止踩踏支撑上下。坑四周应设安全栏杆。

F. 重物距土坡安全距离：汽车不小于3m，马车不小于2m，起重机不小于4m，土方堆放不小于1m，堆土高不超过1.5m，材料堆放应不少于1m。

G. 当基坑较深或晾槽时间很长时，为防止边坡失水松散或地面水冲刷、浸润影响边坡稳定，应采用边坡保护方法。

H. 爆破土石方应遵守爆破作业安全有关规定。

2）运土

按土方调配方案组织劳力、机械和运输路线，卸土地点要明确，应有专人指挥，避免乱堆乱卸。

利用人工吊运土方时，应认真检查起吊工具、绳索是否牢靠。吊斗下方不得站人，卸土应离坑边有一定距离，以防造成坑壁塌方。用手推车运土，应先平整道路，且不得放手让车自动翻转卸土。用翻斗汽车运土，运输车道的坡度、转弯半径要符合行车安全要求。

3）填土

填方土壤应满足工程的质量要求，填土需根据填方用途和要求加以选择。

① 填土施工的一般要求。填方时对填方土料、基底条件及边坡有较严格的要求，具体如下。

A. 填方土料。应满足设计要求，保证填方的强度和稳定性。碎石类土、砂土及爆破石渣（粒径小于每层铺厚的2/3），可考虑用作表层下的填料；碎块草皮和有机质含量大于8%的土壤，只能用于无压实要求的填方；淤泥一般不能作为填方料；盐碱土应先测定其含盐量，符合规定的可用于填方，但土中不得含有盐晶、盐块或含盐植物根茎，作为种植地时其上必须加盖一层优质土，厚约30cm，同时要设计排盐暗沟；含水量符合压实要求的黏性土，一般可作各层填料。

B. 基底条件。填方前应全面清除基底上的草皮、树根、积水、淤泥及其它杂物；如基底土壤松散，务必将基底充分夯实或碾压密实；如填方区属于池塘、沟槽、沼泽等含水量大的地段，应先进行排水疏干，将淤泥全部挖出后再抛填块石或砾石，结合换土及掺石灰措施等处理；当填土场地地面陡于1/5时，应先将斜坡挖成阶梯形，阶高0.2～0.3m，阶宽大于1m，然后分层填土，以利于接合和防止滑动。

C. 土料含水量。填方土料含水量的大小，直接影响到夯实（碾压）质量，填料的含水量一般以手握成团、落地开花为宜。含水量过大，则易成橡皮土，土基应翻松、风干，或掺入干土；含水量过小，夯压（碾压）不实，可以先洒水润湿再施压，以提高压实效果。黏性土料施工含水量与最优含水量之差可控制在 $-4\% \sim +2\%$（使用振动碾时，可控制在 $-6\% \sim +2\%$）。各种土的最优含水量和最大密实度参考数值见表3-11。

表3-11 各种土的最优含水量和最大密实度参考数值

土的种类	最优含水量（质量百分比）/%	最大密实度/（kN/m³）	土的种类	最优含水量（质量百分比）/%	最大密实度/（kN/m³）
砂土	8～12	1.80～1.88	亚粉土	12～20	1.67～1.95
亚砂土	9～15	1.85～2.08	粉质黏土	12～15	1.85～1.95
粉土	16～22	1.61～1.80	黏土	15～25	1.58～1.70

注：当采用重型击实时，其最优含水量约减少3.5%，最大密实度平均要提高10%（绝对值）；一般性的回填，可不作此项测定。

D. 填土边坡。为保证填方的稳定性，对填土的边坡有一定规定。当设计无规定时，可参考表3-12所示坡度；用黄土或类黄土填筑重要的填方，其边坡坡度可参考表3-13。

表 3-12 永久性填方的高度限值与边坡坡度

土的名称	填方高度 /m	边坡坡度
黏土类土、黄土、类黄土	6	1：1.5
粉质黏土、泥灰岩土	6～7	1：1.5
黏质砂土、细砂	6～8	1：1.5
中砂和粗砂	10	1：1.5
砾石和碎石块	10～12	1：1.5
易风化的岩石	12	1：1.5
轻微风化、尺寸25cm内的石料	6以内 6～12	1：1.33 1：1.50
轻微风化、尺寸大于25cm的石料，边坡用最大石块、分排整齐铺砌	12以内	1：1.50～1：0.75
轻微风化、尺寸大于40cm的石料，其边坡分排整齐	5以内 5～10 ＞10	1：0.50 1：0.65 1：1.00

注：当填方高度超过本表规定限值时，其边坡可做成折线形，填方下部的边坡坡度应为1：1.75～1：2.00；凡永久性填方，土的种类未列入本表者，其坡度不得大于（α+45°）/2，α为土的安息角。

表 3-13 黄土或类黄土填筑重要填方的边坡坡度

填土高度 /m	自地面起高度 /m	边坡坡度
6～9	0～3	1：1.75
	3～9	1：1.50
9～12	0～3	1：2.00
	3～6	1：1.75
	6～12	1：1.50

对于使用较长时间的临时性填方（如使用时间超过一年的临时道路）边坡坡度，当填方高度小于10m时，可用1：1.5边坡；超过10m，边坡可做成折线形，上部采用1：1.5边坡，下部采用1：1.75边坡。

② 填土的方法。

A. 人工填土。主要用于一般园林建筑、构筑物的基坑（槽）和管沟，以及室内地坪和小范围整地、堆山的填土。常用的机具有蛙式打夯机、手推车、筛子（孔径40～60mm）、木耙、平头和尖头铁锹、钢尺、细绳等。其施工程序为清理基底地坪→检查土质→分层铺土、耙平→夯实土方→检查密实度→修整找平验收。填土前应将基坑（槽）或地坪上的各种杂物清理干净，同时检查回填土是否达到填方的要求。

人工填土应从场地最低处开始，自下而上分层填筑，层层压实。每层虚铺厚度，如用人工木夯夯实，砂质土不宜大于30cm，黏性土为20cm；用机械打夯时约为30cm。人工夯填土，通常用60～80kg木夯或石夯，4～8人拉绳，二人扶夯，举高最小0.5m，一夯压半夯，按次序进行。大面积填方用打夯机夯实，两机平行间距应大于3m，在同一夯打路线上前后间距应大于10m。

斜坡上填土且填方边坡较大时，为防止新填土方滑落，应先将土坡挖成台阶状（图3-11），然后再填土，以利于新旧土方的结合，从而使填方稳定。

图3-11　挖成台阶状再填土

填土全部完毕后，要进行表面拉线找平，凡超过设计高程之处应及时依线铲平；凡低于设计标高的地方要补土夯实。

B．机械填土。园林工程中常用的填土机械有推土机、铲运机和汽车等。

a．推土机填土：填方应从下而上分层铺填，每层虚铺不应大于30cm，不许不分层次一次性堆填。堆填顺序最宜采用纵向铺填，从挖方区至填方点以40～60m距离为填方段为好。运土回填时要采用分堆集中、一次运送的方法，分段距离一般为10～15m，以减少运土泄漏。土方运至填方处时应提起铲刀，成堆卸土，并向前行驶1m左右，待机体后退时将土刮平。最后应使推土机来回行驶碾压，并注意使履带重叠一半。

b．铲运机填土：铺土应分层进行，每次铺土厚度为30～50cm，铺土后要利用空车返回时将填土刮平。填土区段长度不宜小于20m，宽度不宜小于8m。

c．汽车填土：多用自卸汽车填方，每层虚铺土壤厚度30～50cm，卸土后用推土机推平。土山填筑时，土方的运输路线应以设计的山头及山脊走向为依据，并结合来土方向进行安排，一般以环行线为宜。汽车满载上山，土卸在路两侧，空载的汽车沿路线继续前行下山，汽车不走回头路不交叉穿行，路线畅通，不能逆流而行。汽车不能在虚土上行驶，卸土推平和压实工作须分段交叉进行。

③雨季、冬季填方施工要点。雨季施工时应采取防雨防水措施。如填土应连续进行，加快挖土、运土、平土和碾压过程；雨前要及时夯完已填土层或将表面压光，并做成一定坡度，以利于排除雨水和减少下渗；在填方区周围修筑防水埂和排水沟，防止地面水流入基坑、基槽内造成边坡塌方或基土遭到破坏。

冬季回填土方时，每层铺土厚度应比常温施工时减少20%～50%，其中冻土体积不得超过填土总体积的15%，其粒径不得大于150mm。铺填时，冻土块应分布均匀，逐层压实，以防冻融造成不均匀沉陷。回填土方尽可能连续进行，避免基土或已填土受冻。

4）压实土方

① 压实的一般要求。

A. 密实度要求。填方的密实度要求和质量指标通常以压实系数 λ_c 表示。压实系数为土的控制（实际）干土密度 ρ_d 与最大干土密度 ρ_{dmax} 的比值。最大干土密度 ρ_{dmax} 是当含水量为最优时，通过标准的击实方法确定的。密实度要求一般由设计根据工程结构性质、使用要求及土的性质确定，如未作规定，可参考表3-14。

表3-14 填土的压实系数 λ_c（密实度）要求

结构类型	填土部位	压实系数 λ_c
砌体承重结构和框架结构	在地基主要持力层范围内 在地基主要持力层范围以下	>0.96 0.93～0.96
简支结构和排架结构	在地基主要持力层范围内 在地基主要持力层范围以下	0.94～0.97 0.91～0.93
一般工程	基础四周或两侧一般回填土 室内地坪、管道地沟回填土 一般堆放物件场地回填土	0.90 0.90 0.85

B. 含水量控制。参见表3-11。

C. 铺土厚度和压实遍数。每层铺土厚度和压实遍数视土的性质、设计要求的压实系数和使用的压（夯）实机具性能而定，一般应根据现场碾（夯）压试验确定。表3-15为压实机械和工具每层铺土厚度与所需的碾压（夯实）遍数的参考数值。利用运土工具的行驶来压实时，每层铺土厚度不得超过表3-16规定的数值。

表3-15 填方每层铺土厚度和压实系数

压实机具	每层铺土厚度/mm	每层压实遍数/遍
平碾	200～300	6～8
羊足碾	200～350	8～16
蛙式打夯机	200～250	3～4
振动碾	60～130	6～8
振动压路机	120～150	10
推土机	200～300	6～8
拖拉机	200～300	8～16
人工打夯	≤200	3～4

注：人工打夯时土块粒径不应大于50mm。

表3-16 利用运土工具压实填方时,每层填土的最大厚度(mm)

运土工具类型	土的种类		
	粉质黏土和黏土	粉土	砂土
拖拉机牵引车、履带式运输车	700	1000	1500
汽车和轮式铲运机	500	800	1200
人力小车	300	600	1000

注：平整场地和公路的填方，每层填土的厚度，当用火车运土时≤1m，当用汽车和铲运机运土时≤0.7m。

D. 填压方法要求。填土应尽量采用同类土填筑，并宜控制土的含水率在最优含水量范围内。当采用不同的土填筑时，应按土类有规则地分层铺填，将透水性大的土层置于透水性较小的土层之下，不得混杂使用；边坡不得用透水性较小的土封闭，以利水分排出和基土稳定，并避免在填方内形成"水囊"和产生滑动现象。

填土应从最低处开始，由下向上整个宽度分层铺填碾压或夯实。在地形起伏之处，应做好接茬，修筑1：2阶梯形边坡，每台阶可取高0.5m、宽1.0m。分段填筑时每层接缝处应做成大于1：1.5的斜坡，碾迹重叠0.5~1.0m，上下层错缝距离不应小于1.0m。接缝部位不得在基础、墙角、柱墩等重要部位。

填土应预留一定的下沉高度，以备在行车、堆重或干湿交替等自然因素作用下，土体逐渐沉落密实。预留沉降量根据工程性质、填方高度、填料种类、压实系数和地基情况等因素确定。当土方用机械分层夯实时，其预留下沉高度（以填方高度的百分数计）：砂土为1.5%，粉质黏土为3%~3.5%。

② 填土压（夯）实方法。土方的压实根据工程量的大小、场地条件，可采用人工夯压或机械压实。

A. 人工夯压。人力夯压可用夯、硪、碾等工具。夯压前先将填土初步整平，再根据"一夯压半夯，夯夯相接，行行相连，两遍纵横交叉，分层打夯"的原则进行压实。地坪打夯应从周边开始，逐渐向中间夯进；基槽夯实时要从相对的两侧同时回填夯压；对于管沟的回填，应先用人工将管道周围填土夯实，待人工夯实至管顶50cm以上时，在确保管道安全的情况下方能用机械夯压。

B. 机械压实。机械压实可用碾压机、振动碾或用拖拉机带动的铁碾，小型夯压机械有内燃夯、蛙式夯等。机械压实方法（即压实功作用方式）可分为碾压、夯实、振动压实三种。

a. 碾压。碾压是由动力机械牵引的圆柱形滚碾（铁质或石质）在地面滚动借以压实土方、提高土壤密实度的方法。碾压机械有平碾（压路机）、羊足碾和气胎碾等。碾压机械压实土方时应控制行驶速度，一般平碾不超过2km/h，羊足碾不超过3km/h。

羊足碾适用于大面积机械化填压方工程，需要有较大的牵引力，一般用于压实中等深度的黏性土、黄土，不宜碾压干砂、石碴等干硬性土。因为在砂土中碾压时，土的颗粒受到"羊足"较大的单位压力后会向四面移动，从而破坏了土的结构。使用羊足碾碾压时，填土厚度不宜大于50cm，碾压方向要从填土区的两侧逐渐压向中心，每次碾压应有15~20cm

重叠，并要随时清除粘于羊足之间的土料。有时为提高土层的夯实度，经羊足碾压后，再辅以拖式平碾或压路机压平压实。

气胎碾在工作时是弹性体，给土的压力较均匀，填土压实质量较好，但应用最普遍的是刚性平碾。采用平碾填压土方，应坚持"薄填、慢驶、多次"的原则，填土虚厚一般25~30cm，从两边向中间碾压，碾轮每次重叠宽度15~25cm，且碾轮离填方边缘不得小于50cm，以防发生溜坡倾倒。对边角、边坡、边缘等压不到的地方要辅以人工夯实。每碾压一层后应用人工或机械（如推土机）将表面拉毛以利于接合。平碾碾压的密实度一般以轮子下沉量不超过1~2cm为宜。平碾适于黏性土和非黏性的大面积场地平整及路基、堤坝的压实。

另外，利用运土工具碾压土壤也可取得较大的密实度，但前提是必须很好地组织土方施工，利用运土过程压实土方。碾压适用于大面积填方的压实。

b. 夯实。夯实是借被举高的夯锤下落时对地面的冲击力压实土方的，其优点是能夯实较厚的土层。夯实适用于小面积填方，可以夯实黏性土或非黏性土。夯实机械有夯锤、内燃夯土机和蛙式打夯机等（人力夯实工具有木夯、石硪）。夯锤借助起重机提起并落下，其质量大于1.5t，落距2.5~4.5m，夯土影响深度可超过1m，常用于夯实湿陷性黄土、杂填土及含石块的填土。内燃夯土机作用深度为40~70cm，它与蛙式打夯机都是应用较广的夯实机械。

c. 振动压实。是通过高频振动物体接触（或插入）填料，并使其振动以减少填料颗粒间孔隙体积、提高密实度的压实方法。主要用于压实非黏性填料，如石碴、碎石类土、杂填土或亚黏性土等。振动压实机械有振动碾、平板振捣器、插入式振捣器和振捣梁等。

填土的含水量对压实质量有直接影响。每种土壤都有其最佳含水量，在这种含水量条件下，使用同样的压实功进行压实，所得到的容重最大。为了保证填土在压实过程中处于最佳含水量，当土过湿时，应予翻松晾干，也可掺入同类干土或吸水性填料；当土过干时，则应洒水湿润后再行压实。尤其是作为建筑、广场道路、驳岸等基础对压实要求较高的填土场合，更应注意这个问题。

铺土厚度对压实质量也有影响。铺得过厚，压很多遍也不能达到规定的密实度；铺得过薄，则要增加机械的总压实遍数。最优铺土厚度主要与压实机械种类有关，此外也受填料性质、含水量的影响。

③ 填压方成品保护措施。

A. 施工时，对定位标准桩、轴线控制桩、标准水准点和桩木等，填运土方时不得碰撞，并应定期复测检查这些标准桩是否正确。

B. 凡夜间施工应配足照明，防止铺填超厚，严禁用汽车将土直接倒入基坑（槽）内。

C. 基础或管沟的现浇混凝土应达到一定强度，不致因填土而受到破坏时，方可回填土方。

D. 管沟中的管线，或从建筑物伸出的各种管线，都应按规定严格保护后才能填土。

④ 压方质量检测。对密实度有严格要求的填方，夯实或压实后要对每层回填土的质量进行检验。常用的检验方法是灌砂法（或环刀法）取样测定土的干密度后，如图3-12所示，再求出相应的密实度；也可用便携式填土密实度检测仪来检验干密度和密实度。符合设计要求，即压实后的干密度应在90%以上，其余10%的最低值与设计值之差不得大于

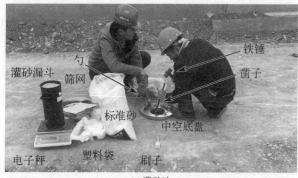

(a) 灌砂法　　　　　　　　　　(b) 便携仪

图3-12　灌砂法/便携仪检测土壤压实度

$0.08t/m^3$，且不能集中。

⑤ 填压方中常见的质量问题。

A. 未按规定测定干土质量密度。回填土每层都必须测定夯实后的干土质量密度，符合要求后才能进行上一层的填土。测定的各种资料，如土壤种业、试验方法和结论等均应标明并签字，凡达不到测定要求的填方部位要及时提出处理意见。

B. 回填土下沉。由于虚铺土超厚，或冬季施工时遇到较大的冻土块，或夯实遍数不够，或漏夯，或回填土所含杂物超标等，都会导致回填土下沉。碰到这些现象应加以检查并制订相应的技术措施。

C. 管道下部夯填不实。这主要是施工时没有按施工标准回填打夯，出现漏夯或密实度不够，使管道下方回填空虚。

D. 回填土夯压不密。如果回填土质含水量过大或土壤太干，都可能导致土方填压不密。此时，对于过干的土壤要先洒水润湿后再铺；过湿的土壤应先摊铺晾干，符合标准后方可作为回填土。

E. 管道中心线产生位移或遭到损坏。这主要是由于在用机械填压时，不按照施工规范操作而导致的。因此施工时，应先用人工在管子周围填土夯实，并要求从管道两侧同时进行，直到管顶0.5m以上，在保证管道安全的情况下方可用机械回填和压实。

3.2.2　土方工程特殊问题的处理

（1）滑坡与塌方的处理

可采用下列处理措施和方法。

① 加强工程地质勘察。对拟建场地（包括边坡）的稳定性进行认真分析和评价；工程和路线一定要选在边坡稳定的地段，对具备滑坡形成条件的或存在古老滑坡的地段，一般不选作建筑场地，或采取必要的措施加以预防。

② 做好泄洪系统。在滑坡范围外设置多道环行截水沟，以拦截附近的地表水，在滑坡区，修设或疏通原排水系统，疏导地表、地下水，防止渗入滑体。主排水沟宜与滑坡滑动方向一致，与支排水沟与滑坡方向成30°～45°斜交，防止冲刷坡脚。

③ 处理好滑坡区域附近的生活及生产用水，防止浸入滑坡地段。

④ 如因地下水活动有可能形成浅层滑坡时，可设置支撑盲沟、渗水沟，排除地下水。盲沟应布置在平行于滑坡坡动方向有地下水露头处。同时做好植被工程。

⑤ 保持边坡有足够的坡度，避免随意切割坡脚。土体尽量削成较平缓的坡度，或做成台阶状，使中间有1~2个平台，以增加稳定性；土质不同时，视情况削成2~3种坡度。在坡脚处有弃土条件时，将土石方填至坡脚，使其起反压作用。筑挡土堆或修筑台地，避免在滑坡地段切去坡脚或深挖方。如平整场地必须切割坡脚，且不设挡土墙时，应按切割深度，将坡脚随原自然坡度由上而下削坡，逐渐挖至要求的坡脚深度。

⑥ 尽量避免在坡脚处取土，在坡肩上放置弃土或设置建筑物。在斜坡地段挖方时，应遵守由上而下分层的开挖程序。在斜坡上填土时，应遵守由下往上分层填压的施工程序，避免在斜坡上集中弃土，同时避免对滑坡坡体产生各种振动作用。

⑦ 对可能出现的浅层滑坡，如滑坡土方最好将坡体全部挖除。如土方量较大，不能全部挖除，且表层土破碎含有滑坡夹层时，可对滑坡体采取深翻、堆压、打乱滑坡夹层、表层压实等措施，减少滑坡因素。

⑧ 对于滑坡体的主滑地段可采取挖方卸荷，拆除已有建筑物等减重辅助措施。

⑨ 滑坡面土质松散或具有大量裂缝时，应进行填平、夯填，防止地表水下渗；并在滑坡面植树、种草皮、浆砌片石等保护坡面。

⑩ 倾斜表层下有裂缝滑动面的，可将基础设置在基岩上用锚桩（墩）固定。土层下有倾斜岩层的，将基础设置在基岩上用锚铨锚固，或做成阶梯形，采用灌注桩基减轻土体负担。

⑪ 对已滑坡工程，稳定后采取设置混凝土锚固桩、挡土墙、抗滑明洞、抗滑锚杆或混凝土墩与挡土墙相结合的方法加固坡脚，并在下段做截水沟、排水沟，在陡坝部分去土减重，保持适当坡度。

（2）冲沟、土洞（落水洞）、古河道、古湖泊处理

① 冲沟处理。冲沟多由于暴雨冲刷剥蚀坡面而成，先在低凹处蚀成小穴，逐渐扩大成浅沟，以后进一步冲刷，就成为冲沟，黄土地区常大量出现，有的深达5~6m，表层土松散。一般处理方法是对边坡上不深的冲沟，可用好土或是3∶7灰土逐层回填夯实，或用浆砌块石砌至与坡面相平，并在坡顶设排水沟及反水坡，以阻截地表雨水冲刷坡面；对地面冲沟用土层夯填，因其土质结构松散，承载力低，可采取加宽基础的处理方法。

② 土洞（落水洞）处理。在黄土层或岩溶地层，由于地表水的冲蚀或地下水的浅蚀作用形成的土洞、落水洞往往成为排汇地表径流的暗道，影响边坡或场地的稳定，必须进行处理，避免继续扩大，造成边坡塌方或地基塌陷。

处理方法是将土洞、落水洞上部挖开，清除软土，分层回填好土（灰土或砂卵土）夯实，面层用黏土夯填并使之比周围地表高些，同时做好地表水的截流，将地表径流引到附近排水沟中，不便下渗；对地下水可采用截流改道的办法，如用作地基的深理土洞，宜用砂、砾石、片石或混凝土填灌密实，或用灌浆挤压法加固。对地下形成的土洞和陷穴，除先挖软土抛填块石外，还应用反滤层，面层用黏土夯实。

③ 古河道、古湖泊处理。根据其成因，既有年代久远的经降水及自然沉实，土质较为

均匀、密实，含水量20%左右，含杂质较少的古河道、古湖泊；也有年代近的土质结构均较松散，含水量较大，含较多碎块、有机物的古河道、古湖泊。这些都是由天然地貌的洼地长期积水、泥沙沉积而形成的，土层由黏性土、细沙、卵石和角砾所构成。

对年代久远的古河道、古湖泊，已被密实的沉积物填满，底部尚有砂卵石层，一般土的含水量小于20%，且无被水冲蚀的可能性，土的承载力不低于天然土，可不处理；对年代近的古河道、古湖泊，土质较均匀，含有少量杂质，含水量大于20%，如沉积物填充密实，承载力不低于同一地区的天然土，亦可不处理。

（3）橡皮土的处理

当地基为黏性土且含水量很大、趋于饱和时，夯（拍）打后，地基土变成踩上去有一种颤动感的土，称为橡皮土。橡皮土形成的原因是在含水量很大的黏土、粉质黏土、淤泥质土、腐殖质土等原状土上进行夯（压）实或回填土，或采用这类土进行回填工程时，由于原状被扰动，颗粒之间的毛细孔遭到破坏，水分不易渗透或散发，当气温较高时，对其进行夯击或碾压，特别是用光面碾（夯锤）滚压（或夯实），表面形成硬壳，更加阻止了水分的渗透和散发，形成软塑状的橡皮土。埋深的土，水分散发慢，往往长时间不易消失。

处理措施如下。

① 暂停一段时间施工，避免再直接拍打，使橡皮土含水量逐渐降低，或将土层翻起进行晾晒。

② 如地基已成橡皮土，可在上面铺一层碎石或碎砖后进行夯击，将表土层挤紧。

③ 橡皮土较严重的，可将土层翻起并搅拌均匀，掺加石灰吸收水分，同时改变原土结构成为灰土，使之有一定强度和稳定性。

④ 如用作荷载大的房屋地基，可打石桩，将毛石（块度为20～30cm）依次打入土中，或垂直打入M10机砖，纵距26cm，横距30cm，直至打不下去为止，最后在上面满铺厚50cm的碎石后再夯实。

⑤ 换土，挖去橡皮土，重新填好土或级配砂石夯实。

（4）流砂处理

当基坑（槽）开挖深度在地下水位0.5m以下，采取坑内抽水时，坑（槽）底下层的土产生流动状态随地下水一起涌进坑内，边挖边冒，无法挖深的现象称为流砂。

常用的处理措施如下。

① 安排在全年最低水位季节施工，使其坑内动水压减小。

② 水下挖土（不抽水或少抽水），使坑内水压与坑外地下水压相互平衡或缩小水头差。

③ 井点降水，使水位降至基坑底0.5m以下，使动水（水运动上升状态）压力的方向朝下，导致土基松软，坑底土面保持无水状态。

④ 沿基坑外围四周打板桩，深入坑底下面一定深度，增加地下水从坑外流入坑内的渗流路线和渗流量，减小动水压力。

⑤ 采用化学压力注浆或高压水泥注浆，固结基坑周围砂层，形成防渗帷幕。

⑥ 往坑底抛大石块，增加土的压重和减小动水压力，同时，组织快速施工。

⑦ 基坑面较小时，也可在四周设钢板护筒，随着挖土不断加深，直到穿过流砂层。

3.3 园林土方工程施工案例

3.3.1 工程概况

本小节以××市××滨江公园园林绿化项目为例,介绍其土方及造型专项施工方案。

本工程位于××市××区××路××号地块,承建范围为一期工程。施工内容:园林绿化土方工程(土方开挖约××m³、土方回填约××m³)。主要景点:户外舞台、渔人码头、滨江平台、瀑布广场等。建筑单体工程:小卖部、驿站4间,公共厕所5间,配电房1座,遮阳结构1座等。景观林带三段:林带A(K0+700~K1+000)、林带B(K0+245~K0+600)、林带C(K0+045~K0+145)。

3.3.2 编制依据

① 甲方提供的《××市××滨江公园景观带工程》园林施工设计文件。
②《园林绿化工程施工及验收规范》(CJJ 82—2012)。
③《城市道路绿化规划与设计规范》(CJJ 75—1997)。
④《城市绿地设计规范(2016年版)》(GB 50420—2007)。
⑤《风景园林制图标准》(CJJ/T 67—2015)及相关规范标准。
⑥ ××省和××市有关绿化、质量和安全的规定。
⑦ 根据工程特点、施工现场实际情况、施工环境、施工条件和自然条件进行分析,并结合本公司施工标准。

3.3.3 施工部署

园林绿化工程土方工程主要分为土方开挖、土方回填及种植土回填,其中土方回填的来源分两部分,部分利用开挖土方,+8.2m以下开挖土方用于回填(+8.2m为水务工程施工完成面),欠缺部分需外购土方。土方回填部分采用反铲挖掘机及自卸汽车现场倒运,外购土方土源位于市郊,采用自卸车运至施工现场。

种植土为回填土方以上部分(种植区域),平均厚度约为30cm。由于本工程附近土源不满足种植土标准,因此需进行外购,土源位于市郊,采用自卸车运至施工现场。

由于景观绿化带回填土量较大,且施工现场与水利交叉施工,景观土方回填需造出微地形,施工比较复杂。土方装车采用PC200挖掘机上土,场内运输采用15t自卸车,土方回填采取PC200挖掘机进行回填。在施工土方中,用一台200型1m³挖掘机及一台50型装载机配合,方便自卸车在绿化带边卸土方,减少挖机倒运土方的次数。绿化带采用PC60挖掘机进行微地形塑造,同时做好绿化带基底杂物、地表水的排出施工措施准备。

3.3.4 施工准备

(1)人材机准备

① 施工人员准备。组织并配备土方工程施工所需各专业技术人员、管理人员和技术工

人,安排作业班次;制订较完善的技术岗位责任制和涵盖技术、质量、安全等方面的网格化管理框架;建立技术责任制和质量保证体系。对拟采用的土方工程新机具、新工艺、新技术,组织力量进行研制和试验。表3-17所示为施工人员一览表。

表3-17 施工人员一览表

序号	人员	数量	备注
1	技术员	2人	负责土方施工过程中的技术问题,向操作人员进行技术、安全交底,提出材料计划,收集整理有关施工记录资料
2	工长	1人	负责组织并安排人员、材料、机具进现场施工,并对施工安全、工程质量、环境及工程进度进行控制
3	质检员	1人	对施工质量与检查负有责任,发现问题应及时向有关人员反映,并有权责令工程停工
4	安全员	1人	负责监督检查施工现场安全文明工作
5	机械操作人员	30人	负责机械操作,进行土方开挖、装卸、运输、回填、地形整理
6	普工1	5人	负责做安全标识,配合机械进行场地平整
7	普工2	8人	负责夯实土方

② 施工机具准备。按照机具设备需用计划组织好土方施工所需机械设备、工具的购买、租赁、调配、进场等工作。做好设备调配,对进场挖土、推土、造型、运输车辆及各种辅助设备进行维修检查,试运转,并运至使用地点就位。施工机械具体内容见表3-18。

表3-18 施工机械一览表

序号	设备名称	型号、规格	单位	数量	备注
1	自卸汽车	15t	台	10	运输土料
2	挖掘机	PC200	台	2	卸土、开挖
3	挖掘机	PC60	台	1	地形整理
4	推土机	征山T200	台	2	整平
5	压路机	YT18B	台	1	回填碾压

③ 材料准备。合理安排土方进场计划,组织好现场安全标志所需的材料。

(2)技术准备

① 熟悉复核竖向设计的施工图纸,熟悉施工地块内土层的土质情况。

② 阅读地质勘察报告及水文勘察资料等,了解施工地块及周边的地质情况。

③ 测量放样,设置沉降及水平位移观测点,或观测柱。在具体测量放样时,可以根据施工图及城市坐标点、水准点,将土山土丘、河流等高线上的拐点位置标注在现场,作为控制桩并做好保护。

④ 编制施工方案,绘制施工总平面布置图,提出土方造型的操作方法,提出需用施工机具、劳动力、新技术推广计划,较深的人工湖开挖还应提出支护、边坡保护和降水方案。

⑤ 土方开挖回填前,班长应熟悉现场实际条件,技术员对班组进行安全技术交底。

（3）现场准备

① 土方施工条件复杂，施工时受地质、水文、气候和施工周围环境的影响较大，因此应充分掌握施工区域内地下障碍物和水文地质等各种资料数据，对施工现场内的地下障碍物进行核查，确认可能影响施工质量的管线、地下基础及其他障碍物，用于指导施工。并充分估计施工中可能产生的不良因素，制订各种相应的预防措施和应急手段。并在开工前做好必要的临时设施，包括临时水、电、照明和排水系统，以及施工便道的铺设等。

② 在预定挖土和堆筑土方的场地上，应将地表层的杂草、树墩、混凝土地坪预先加以清除、破碎并运出场地，对需要清除的地下隐蔽物体，由测量人员根据建设单位提供的准确位置图，进行方位测定，挖出表层，暴露出隐蔽物体后，予以清除。然后进行基层处理，由施工单位自检、建设或监理单位验收，未经验收不得进入下一道地形整理的工序。

③ 在整个施工现场范围，必须先排除积水。并开掘明沟使之相互贯通，同时开掘若干集水井，防止雨天积水，确保挖掘和堆筑的质量，以符合最佳含水量标准。

④ 做好现场的电缆及排水管、给水管的保护工作和各项安全工作。

3.3.5　施工计划

北段东侧土方工程以林带 A 为施工起点，按顺序向两边推进施工，考虑到下半年为土方施工的黄金时间段，因此整体土方施工将在 2021 年春节前完工。整体土方施工计划于 2020 年 10 月 7 日开始施工，2021 年 1 月 15 日完工，计划工期 100 天。

3.3.6　施工方法

土方回填的一般顺序是清理坑底杂物、积水→定点放线→分层回填→分层夯实（碾压）→绿地整理、造型。本工程种植土回填施工取土点在市郊，采用 2 台 PC200 挖掘机配合 15t 自卸汽车进行土方装运。景观绿化带及树池土方回填区域采用一台 PC200 挖掘机配合 15t 自卸车卸土回填，1 台 PC60 挖掘机整理地形。每层的铺土厚度为 30～50cm。填土可利用挖掘机行驶做部分压实工作，卸土推平和压实工作须分段交叉进行。

（1）土方施工准备工作

① 清理场地。在施工区域内，凡是有碍于工程施工的或影响工程稳定的地面物如建筑垃圾、杂草、死树等应彻底清除。

② 排水。土方工程前期整理地形时要有一定的坡度，路面及广场完工后保证不小于 0.3% 的坡度，以保证后期工作及完工后排水畅通。

（2）定点放线

在清场完成后，用测量仪器在施工现场进行定点放线，便于确定施工范围及挖土或填土的标高。

（3）分层回填

1）土方的运输

土方运输中人工运土一般都是短途的小搬运。局部或小型施工中采用车运人挑。运输距离较长的，用机械或半机械化运输。不论采用哪种方式，运输路线的组织很重要，要明确卸土地点，施工人员也应随时指点，避免混乱和窝工。使用外来土垫地堆山，运土车辆设专人指挥，卸土的位置要准确，否则乱堆乱卸，必然会给下一步施工增加许多不必要的倒运工作，从而浪费了人力物力。如图3-13所示。

图3-13　土方运输

2）土方的回填施工

施工前进行回填土分项工程的技术交底工作，做好标高的抄测和分层厚度标定工作，可于每20m设一处。绿化区域以满足种植要求为原则，依据种植要求，选择合格的种植土进行回填。抄测好填土标高线，并且按要求分好各层回填厚度。本工程填土方工程量较大，所有土方工程均严格按照甲方和设计方提供的图纸施工，根据图纸竖向设计要求，确定填土深度。15t自卸汽车从取土区把土方运至填土区，因土壤湿、黏性较大，需用挖掘机协助自卸车把土方卸下后，采用挖掘机完成平土。

① 人工土方回填施工。用自卸汽车把客土运到现场内，若大面积、大量需要填土时用挖土机将土分开、回填。对于小面积、小量的回填用手推车推土，以人工用锄头、耙等工具回填土。回填土从场地的最低处开始，由一端向另一端自下而上分层铺填。每层虚铺厚度，用机械或人工夯实时，砂质土不大于30cm，黄泥土为20cm。深浅坑槽相连时，应先填深坑槽，相平后与浅坑槽全面分层填实。如采取分段填筑，交接处应填成阶梯形。墙基及管道回填应在两侧用细土同时均匀回填，夯实，防止墙基及管道中心线位移。人工夯填土，用60～80kg的木夯或石夯，由4～8人拉绳，2人扶夯，举高不低于0.5m，一夯压半夯，按次序进行。较大面积人工回填用打夯机夯实。两机平行时其间距不得小于3m，在同一夯打路线上，前后间距不得小于10m。

② 推土机填土。填土应由下而上分层铺填，每层需铺厚度不宜大于30cm。大坡度推土填土，不得居高临下，不分层次，一次堆填。推土机运土回填，可采取分堆集中，一次运送方法，分段距离为10～15m，以减少运土漏失量。土方推至填方部位时，应提起一次铲刀，成堆卸土，并向前行驶0.5～1.0m，利用推土机来回行驶时将土刮平，如图3-14所示。用推土机来回行使进行碾压，履带应重叠一半。填土高度按土方施工图纸标高确定。填土程序采用纵向铺填顺序，从挖土区段至填土区段，以40～60m距离为宜。

③ 铲运机填土。机铺土，铺填土区段长度不宜小于20m，宽度不宜小于8m。铺土应分层进行，每次铺土厚度不大于20～30cm，每层铺土后，利用空车返回时将表面刮平。填土

程序一般采取横向或纵向分层卸土,以利行驶时初步压实。

④ 汽车填土。自卸汽车将土卸为成堆土,须配推土机或挖掘机推土、摊平,如图3-15所示。每层的铺土厚度为25~30cm。填土可利用汽车行驶做部分压实工作,行车路线需均匀分布于填土土层上。汽车不能在虚土上行驶,卸土和压实工作采取分段交叉进行。

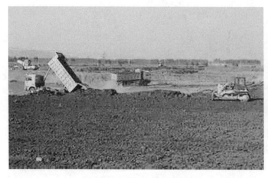

图3-14 推土机平土

图3-15 挖掘机挖土

(4)分层夯实(碾压)

填土作业采用从下到上分层填土的方法,根据现场土质和机械的压实功能,采用挖掘机、压路机碾压密实。达到设计要求的密实度,确保工程效果。碾压遍数需根据不同压实度要求、分层厚度、回填土的土质含水量、碾压机械等情况来确定,一般为6~8遍。当填土接近设计标高时,测量员要加强测量检查,控制最上一层填土厚度。根据现场土质及现场试压情况留准虚高,使高程符合设计要求。

为了保证填筑的土基在强度和稳定性方面达到要求,必须正确选择土料的种类和填筑方法。一般含有大量有机物的土料或水溶性硫酸盐含量大于5%的土料,液化状态的泥炭、黏土或粉状砂质土等不能作为填料。当填料为上述土料时,就用自卸汽车调土回填。填土应分层进行,其层厚应根据设计要求、土壤的物理性质、压实等方面的因素确定,一般以0.3m为宜。要求尽量采用同类土填筑。当填方边界有坡面时,应用人工将斜坡开挖成阶梯状,以防填土横向移动。

填方土料应符合设计要求,保证填方的强度和稳定性。如设计无要求时,应符合以下规定。

① 碎石类土、砂土和爆破石碴(粒径不大于每层铺土厚的2/3),可用作表层下的填料。

② 含水量符合压实要求的黏性土,可作各层填料。

③ 淤泥和淤泥质土,一般不能用作填料,但在软土地区,经过处理含水量符合压实要求的,可用于填方中的次要部位。

填土土料含水量的大小,直接影响到夯实(碾压)质量,在夯实(碾压)前应先试验,以得到符合密实度要求条件下的最优含水量和最少夯实(或碾压)遍数。含水量过小,夯压(碾压)不实;含水量过大,则易成橡皮土。各种土的最优含水量和最大密实度参考数值见表3-19所示。黏性土料施工含水量与最优含水量之差可控制在−4%~+2%(使用振动碾时,可控制在−6%~+2%)。

表 3-19 土的最优含水量和最大干密度参考表

土的种类	变动范围	
	最优含水量（质量百分比）/%	最大干密度 / (t/m³)
砂土	8～12	1.80～1.88
黏土	19～23	1.58～1.70
粉质黏土	12～15	1.85～1.95
粉土	16～22	1.61～1.80

注：1. 表中土的最大干密度应以现场实际达到的数字为准；
2. 一般性的回填，可不作此项测定。

（5）绿地造型

在堆筑地形之前，应按照地形设计图纸在堆土处定点放线，将填土区的范围线或最外圈的等高线在地面绘出，做出明显标记。放线完毕后，在地形的中心点、凹谷中心线或等高线的转折点等处设置标高杆，在拟堆土区域外界附近按设计方格网钉下坐标桩，用来控制堆土高度和堆土范围。地形最高点，应始终固定一根标高杆，并悬挂小彩旗等明显标志，便于机械施工时司机和信号工能够看清目标进行操作，机械操作后可使用人工对微地形进行精修。标高杆上的刻度，应按地形设计图上的等高距确定，如等高距为 0.5m 时，标高杆每一刻度也采用 0.5m，在标高杆上的刻度处做醒目标记，以引起施工人员的注意。地形工程因堆土时土层不断增高，标高桩可能被埋没，所以桩的高度需大于每层填土的高度。地形塑造时注意土壤的含水量，避免形成扬尘，影响环境卫生。如图 3-16 所示。

图 3-16 地形塑造

（6）土壤改良

1）土壤改良要求

① 种植或播种前应对该地区的土壤理化性质进行化验分析，采取相应的消毒、施肥和更换土壤等措施，使该地区的土壤达到种植土的要求。

② 土壤要求：施工区域的土壤主要是紫色页岩土，养分缺乏，保水保肥能力差，在园林绿化种植时，必须采用质量较好、具有满足栽植植物生长所需要的土壤进行改良，使之达

到表 3-20 所示的质量要求。严禁将建筑垃圾和有害物质混入土壤中（直径大于 1cm 的石砾或其他垃圾不能多于 3%）。

③ 种植土的酸碱度、排水性、疏松度需满足植物生态习性；酸碱度（pH）在 5.5～7.5 之间，电导率为 0.16～0.60Ms/cm；土壤疏松，排水性能良好，不能握拳成团；土壤营养元素平衡，有机质含量不得低于 17.6g/kg，全氮量、全磷量、全钾量不得低于表 3-20 所示的要求，水解氮不得低于 54mg/kg，速效钾不得低于 73mg/kg，有效磷不得低于 19mg/kg；土壤通气度不得低于 15%，容重为 1.0～1.30g/cm³，石砾含量（质量百分比）不得高于 25%，其中粒径大于 3cm 的石粒不得多于 10%。

④ 客土、原状土和栽植介质应集中搅拌处理。

表 3-20　土壤质量标准指标

标准级别	酸碱度（pH）	可溶性盐 %	土壤容量（g/cm³）	有机质 %	全氮 %	全磷 %	全钾 %	通气孔隙度 %	代换量 [cmol(+)/kg]
一级	6～7.5	0.18～0.25	1.0～1.3	5～15	0.2～0.3	0.22～0.38	1.8～3.2	20～30	15～25
二级	5～7.8	0.1～0.20	0.8～1.3	2～5	0.1～0.2	0.14～0.18	1.2～1.8	15～20	10～15

精品种植土指标：以土壤质量标准一级为验收标准，在实施过程中可以商品种植土为参考。若以客土改良达到一级指标要求的，其中有机肥：普通土壤（体积比）≥1：5。如表 3-21。

表 3-21　种植土基本理化指标

pH	EC/(Ms/cm)	有机质/(g/kg)	质地
6.0～7.5	0.20～0.80	≥24.6	砂质壤土、壤土、粉砂壤土、砂质黏壤土、黏壤土、粉砂黏壤土

注：EC 指可溶性离子浓度。

2）土壤改良方法

对黏土的改良：黏性土和黄沙按 1：1 的比例进行掺和，然后进行翻拌，翻拌均匀，掺和黄沙可以改善土壤的渗水性，减少土壤黏性，有利于植物根系深入；营养土含有养分和微生物，能提高土壤理化性状。另外可增施过磷酸钙，按 100kg 每亩过磷酸钙施入土层内，确保植物生长时所需的养分，如图 3-17 所示。

如黏土含水量过重，可采用如下方法：①翻晒，使其过多的水分自然蒸发。②添加生石灰进行处理。

对黄沙土的改良：黄沙土的颗粒很粗，保水性不好，容易造成水土流失，且不保肥力。针对这一特点，可以用黏土进行掺拌，使其既能保水，又能保肥。改良的措施为沙土掺黏。沙土掺黏的比例范围较宽，而黏土掺沙要求沙的掺入量比需要改良的黏土量大，否则效果不好，甚至适得其反。

对土壤 pH 的调整：对于 pH 大于 8 的土壤，采用价格低廉的醋渣作为酸性介质，与原有土壤进行拌和，对土壤中的碱性成分进行中和，对于偏酸性土壤，可以根据植物所需要的

图 3-17　土壤改良

生长环境增施农家肥，适时增施石灰，或者增施酸性土壤改良剂，从而起到改良的作用。

增加土壤的有机质含量与改善土壤的物理性状：采用砻糠灰与土壤拌和，作为中性介质的砻糠灰能提高土壤的有机质含量，增加土壤的孔隙，从而改善其物理性状。

3.3.7　质量保证措施

① 施工前应根据设计总平面图复核测量定位，挖土过程中定期进行复测，校验控制桩的位置和水准点标高。

② 土方回填时，填方土料应符合设计要求，保证填方的强度和稳定性。

③ 回填土方前应先清除基底的垃圾、有机物、积水等。

④ 回填时应从低到高进行，每层虚铺厚度不得大于 50cm，每层压实 3~4 遍。打夯之前应将填土初步平整，打夯机依次打夯，均匀分布，不留间隙。每层夯实完成后进行验收。

⑤ 填土区如遭水浸泡，应将稀泥清掉后进行下一道工序。

⑥ 填方施工结束后应检查标高、边坡坡度、压实程度等。

⑦ 行车道路每天派人清扫，做好文明施工。

⑧ 填土施工过程中应检查排水措施、每层填土的厚度、含水量控制情况和压实的程序。

⑨ 填方施工结束后应检查标高、边坡坡度、压实程度等，检验标准参见表 3-22 所示。

表 3-22　填土工程质量检验标准　　　　　　　　　　　　　　　　单位：mm

项目类别	检查项目	检查方法	允许偏差或允许值				
			桩基基坑基槽	人工	机械	管沟	地（路）面基础层
主控项目	标高	用水准仪	−50	±30	±50	−50	−50
	分层压实系数	按规定方法	设计要求				
一般项目	回填土料	取样检查或直观鉴别	设计要求				
	分层厚度及含水量	用水准仪及抽样检查	设计要求				
	表面平整度	用靠尺或水准仪	20	20	30	20	20

3.3.8　安全保证措施

① 所有施工人员进场后须经过进场培训和三级安全教育方可上岗操作。

② 严格遵守安全施工规范和机械操作规程，施工人员要持证上岗。

③ 施工机械要检验合格才能投入施工。施工过程中加强对机械的维护保养。

④ 土方回填时基坑应设围栏和安全标志，非作业人员要远离挖机10m以外，以免挖机移位伤人。

⑤ 土方开挖时应注意对下地管线的保护。

⑥ 遇大雨、大雾或六级以上的大风等恶劣气候，应停止作业，当风速超过七级或有强台风警报时，应采取有效措施加以防护。

⑦ 由于现场场地较大，现场派专人负责土方的回填进程，运输车辆的进场时间及进场数量，以保证土方能够满足回填施工速度的需求，同时又不致使现场堆积过多的土方。

⑧ 大型机械车辆进出场要有专人指挥，保证畅通无阻。卸车后要对车身进行清理或冲洗，避免残留土遗洒，并在现场以外200m运土路线范围内每天派专人定时打扫三遍。

⑨ 现场要保持整洁，无散乱堆土现象。道路要勤洒水，保证无尘土飞扬。

⑩ 回填时尽量利用有效工作时间，在工地设立居民接待室，随时接待居民来访，与居民及时沟通，耐心听取他们的意见并及时处理。

模块 4
园林给排水工程

园林给排水工程是园林工程中的重要组成部分之一。园林给水既可以满足园林内的生活用水和园林植物的养护用水，也可以供园林中水景用水，同时还可以给园林中建筑提供消防给水。园林排水主要排除生活污水、地表水和地下水，规范合理的排水工程可保证植物的正常生长，给人们提供优美、舒适、清洁、健康的生态环境。

4.1 常用管材、附件和水表

4.1.1 管道材料

建筑给水和热水供应管材常用的有塑料管、复合管、铜管、铸铁管、钢管等。

（1）塑料管

近年来，给水塑料管的开发在我国取得了很大的进展，给水塑料管管材有聚氯乙烯管（PVC 管）、聚乙烯管（PE 管）、聚丙烯管（PPR 管）、聚丁烯管（PB 管）和 ABS 管等。塑料管有良好的化学稳定性，耐腐蚀，不受酸、碱、盐、油类等物质的侵蚀；物理机械性能也很好，不燃烧、无不良气味、质轻且坚，密度仅为钢管的五分之一，运输安装方便；管壁光滑，水流阻力小；容易切割，还可制造成各种颜色。当前，已有专供输送热水使用的塑料管，其使用温度可达 95℃。为了防止管网水质污染，塑料管的使用推广正在加速进行，并将逐步替代金属管。表 4-1 为硬聚氯乙烯管规格。

表 4-1 硬聚氯乙烯管规格（GB/T 10002.1—2006）

公称外径	平均外径允许差	壁厚允许差	1.6MPa		1.25MPa		1.0MPa		0.8MPa		0.6MPa		有效长度
			最小壁厚	参考质量	最小壁厚	参考质量	最小壁厚	参考质量	最小壁厚	参考质量	最小壁厚	参考质量	
20	+0.3	+0.4	2.0	0.178									4
25	+0.3	+0.4	2.0	0.227									

续表

公称外径	平均外径允许差	壁厚允许差	1.6MPa		1.25MPa		1.0MPa		0.8MPa		0.6MPa		有效长度
			最小壁厚	参考质量	最小壁厚	参考质量	最小壁厚	参考质量	最小壁厚	参考质量	最小壁厚	参考质量	
32	+0.3	+0.4			2.0	0.297							4
40	+0.3	+0.5	3.0				2.0	0.376					
50	+0.3	+0.5	3.0	0.686			2.4	0.567	2.0	0.475			
63	+0.3	+0.6	3.0	1.090			3.0	0.876	2.5	0.748	2.0	0.604	
75	+0.3	+0.7			4.5	1.535	3.6	1.251	2.9	1.021			
90	+0.3	+0.8			5.4	2.203	4.3	1.790	3.5	1.477			
110	+0.4	+0.9			5.7	2.859	4.8	2.436	3.9	2.004	3.2	1.681	
140	+0.5	+0.9					6.1	3.943			4.1	2.721	6
160	+0.5	1.0			7.7	5.613	7.0	5.125			4.7	3.528	
200	+0.6	+1.2			9.6	8.729	8.7	7.956			5.9	5.502	

注：1. 壁厚是以20℃时环向应力为10MPa确定的；

2. 管材长度分别为4m、6m、10m、12m；

3. 公称压力是管材在20℃下输送水时的工作压力；

4. 公称外径、最小壁厚单位为mm，参考质量单位是kg/m，有效长度单位为m。

（2）钢管

钢管有焊接钢管、无缝钢管两种。焊接钢管又分镀锌钢管和不镀锌钢管。钢管镀锌的目的是防锈、防腐，避免水质变坏，延长使用年限。所谓镀锌钢管，应当是采用热浸镀锌工艺生产的产品。钢管的强度高，承受流体的压力大，抗震性能好，长度大，接头较少，韧性好，加工安装方便，质量比铸铁管轻，但抗腐蚀性差，易影响水质，因此，虽然以前在建筑给水中普遍使用钢管，但现在冷浸镀锌钢管已被淘汰，热浸镀锌钢管也被限制使用场合。

（3）给水铸铁管

我国生产的给水铸铁管，按其材质分为球墨铸铁管和普通灰口铸铁管，按其浇注形式分为砂型离心铸铁直管和连续铸铁直管（但目前市场上小口径球墨铸铁管较少）。铸铁管具有耐腐蚀性强、使用期长、价格较低等优点。其缺点是性脆、长度小、质量大。

（4）其他管材

其他管材包括铜管、钢塑复合管、铝塑复合管等。

铜管可以有效地防止卫生洁具被污染，且光亮美观、豪华气派。目前其连接配件、阀门等也配套产出。根据我国多年的使用情况，验证其效果优良，由于铜管价格较高，现在多用于宾馆等较高级建筑之中。

钢塑复合管有衬塑和涂塑两类，也生产有相应的配件、附件。它兼有钢管强度高和塑料管耐腐蚀、保持水质的优点。

铝塑复合管是中间以铝合金为骨架，内外壁均为聚乙烯等塑料的管道。除具有塑料管的优点外，还有耐压强度高、耐热、可挠曲、接口少、安装方便、美观等优点。目前管材规格大都为 DN15～DN40，多用作建筑给水系统的分支管。

在实际工程中，应根据水质要求和建筑使用要求等因素选择管材。生活给水管应选用耐腐蚀和连接方便的管材，一般可采用塑料管、塑料和金属的复合管、薄壁金属管等。消防与生活共用给水管网，消防给水管管材应采用与生活给水管相同的管材。自动喷水灭火系统的消防给水管应采用热浸镀锌钢管。热水系统的管材应采用热浸镀锌钢管、薄壁金属管、塑料管、塑料复合管等管材。埋地给水管道一般可采用塑料管材、有衬里的球墨铸铁管等。

4.1.2　管道配件与管道连接

管道配件是指在管道系统中起连接、变径、转向、分支等作用的零件，又称管件。各种不同管材有相应的管道配件。管道配件有带螺纹接头（多用于塑料管、钢管，如图 4-1）、带法兰接头、带承插接头（多用于铸铁管、塑料管）等几种形式。

常用各种管材的连接方法如下。

（1）塑料管的连接方法

塑料管的连接方法一般有螺纹连接（其配件为注塑制品）、焊接（热空气焊、热熔焊、电熔焊）、法兰连接、螺纹卡套压接，还有承插接口连接、胶黏连接等。

（2）铸铁管的连接方法

铸铁管的连接多用承插方式连接，连接阀门等处也用法兰盘连接。承插接口有柔性接口和刚性接口两类。柔性接口采用橡胶团接口，刚性接口采用石棉水泥接口、膨胀性填料接口，重要场合可用铅接口。铸铁管的管道配件有弯头、三通、四通、大小头、双承短管等。

（3）钢管的连接方法

钢管的连接方法有螺纹连接、焊接和法兰连接等。

① 螺纹连接。螺纹连接也称丝扣连接、丝接连接，通过内外螺纹把管道与管道、管道与阀门连接起来，是一种广泛使用的可拆卸的固定连接，具有结构简单、连接可靠、装拆方便等优点。管径小于或等于 100mm 的镀锌钢管必须用螺纹连接，其配件也应为镀锌配件。这种方法多用于明装管道。

② 焊接。焊接是用焊机、焊条烧焊将两段管道连接在一起的。优点是接头紧密，不漏水，不需要配件，施工迅速，但无法拆卸。焊接只适用于不镀锌钢管。这种方法多用于暗装管道。

③ 法兰连接。在较大管径（50mm 以上）的管道上，常将法兰盘焊接（或用螺纹连接）在管端，先放置法兰垫片进行密封防水，再以螺栓将两个法兰连接在一起，进而两段管道也就连接在一起了。法兰连接一般用在连接阀门、止回阀、水表、水泵等处，以及需要经常拆卸、检修的管段上。

（4）铜管的连接方法

铜管的连接方法有螺纹卡套压接、焊接（有内置锡环焊接配件、内置银合金环焊接配件、加添焊药焊接配件）等（图 4-1）。

（5）复合管的连接方法

钢塑复合管一般用螺纹连接，其配件一般也是钢塑制品。

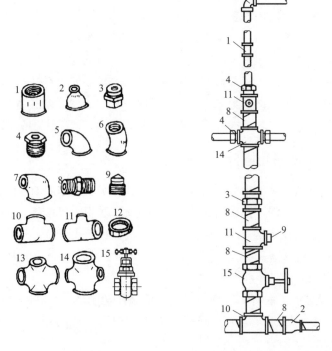

(a) 钢管螺纹管道配件　　　　　(b) 部分螺纹管道配件连接方法

图4-1　钢管螺纹管道配件及连接方法

1—管箍；2—异径管箍；3—活接头；4—补心；5—90°弯头；6—45°弯头；7—异径弯头；8—内管箍；
9—管塞；10—等径三通；11—异径三通；12—根母；13—等径四通；14—异径四通；15—阀门

铝塑复合管一般用螺纹卡套压接，其配件一般是铜制品。它是先将配件螺母套在管道端头，再把配件内芯套入端内，然后用扳手扳紧配件与螺母即可。

4.1.3 管道附件

管道附件是给水管网系统中调节水量、水压，控制水流方向，关断水流等各类装置的总称。可分为配水附件和控制附件两类。

（1）配水附件

配水附件用以调节和分配水流。其种类如下。

1）配水龙头

① 截止阀式配水龙头。一般安装在洗涤盆、污水盆、盥洗槽上。该龙头阻力较大。其橡胶衬垫容易磨损，使之漏水。一些发达城市正逐渐淘汰此种铸铁水龙头。

② 旋塞式配水龙头。该龙头旋转90°即完全开启，可在短时间内获得较大流量，阻力也较小，缺点是易产生水击，适用于浴池、洗衣房、开水间等处。

③ 瓷片式配水龙头。该龙头采用陶瓷片阀芯代替橡胶衬垫，解决了普通水龙头的漏水问题。陶瓷片阀芯是利用陶瓷淬火技术制成的一种耐用材料，它能承受高温及高腐蚀，有很高的硬度，光滑平整、耐磨，是现在被广泛推荐的产品，但价格较贵。

2）盥洗龙头

这种龙头设在洗手洗脸盆上，又称面盆龙头，一般设有冷热水多种形式。

3）混合龙头

这种龙头是将冷水、热水混合调节为温水的龙头，供盥洗、洗涤、洗浴等使用。该类型龙头式样繁多（有莲蓬头式、鸭嘴式、角式、长脖式等），外观光亮，质地优良，其价格差异也较悬殊。

此外，还有小便器龙头、皮带龙头、消防龙头、电子自动龙头等。

（2）控制附件

控制附件用以调节水量或水压，关断水流，改变水流方向等。

1）截止阀

截止阀如图 4-2(a) 所示。此阀关闭严密，但水流阻力大，适用于管径＜50mm 的管道。

2）闸阀

如图 4-2（b）所示。此阀全开时水流呈直线通过，阻力较小。如有杂质落入阀座，阀门不能关闭严实，因而易产生磨损和漏水。当管径在 70mm 以上时，采用此阀。

3）蝶阀

如图 4-2（c）所示。阀板在 90° 翻转范围内起调节、节流和关闭作用，操作钮短小，启闭方便，体积较小。适用于管径 70mm 以上或双向流动管道上。

4）止回阀

止回阀用以阻止水流反向流动。常用的有以下四种类型。

① 旋启式止回阀，如图 4-2（d）所示。此阀在水平、垂直管道上均可设置，它启闭迅速，易引起水击，不宜在压力大的管道系统中采用。

② 升降式止回阀，如图 4-2（e）所示。它是靠上下游压力差使阀盘自动启闭。水流阻力较大，宜用于小管径的水平管道上。

③ 消声止回阀，如图 4-2（f）所示。这种止回阀是当水向前流动时，推动阀瓣压缩弹簧，阀门打开。水流停止流动时，阀瓣在弹簧作用下在水击到来前即关阀，可消除阀门关闭时的水流冲击和噪声。

④ 梭式止回阀，如图 4-2（g）所示。它是利用压差梭动原理制造的新型止回阀，不但水流阻力小，而且密闭性能好。

5）浮球阀

浮球阀是一种用以自动控制水箱、水池水位的阀门，防止逆流浪费，如图 4-2（h）所示（还有其他式样）。其缺点是体积较大，阀芯易卡住引起关闭不严而溢水。

与浮球阀功用相同的还有液压水位控制阀，如图 4-2（i）所示。它克服了浮球阀的弊端，是浮球阀的升级换代产品。

6）减压阀

减压阀的作用是降低水流压力。在高层建筑中使用它，可以简化给水系统，减少水泵数量或减少减压水箱，同时可增加建筑的使用面积，降低投资，防止水质的二次污染。在消火栓给水系统中可用它防止消火栓口处超压现象。因此，它的使用已越来越广泛。

减压阀常用的有两种类型，即弹簧式减压阀（图 4-3）和活塞式减压阀（也称比例式减压阀，图 4-4）。

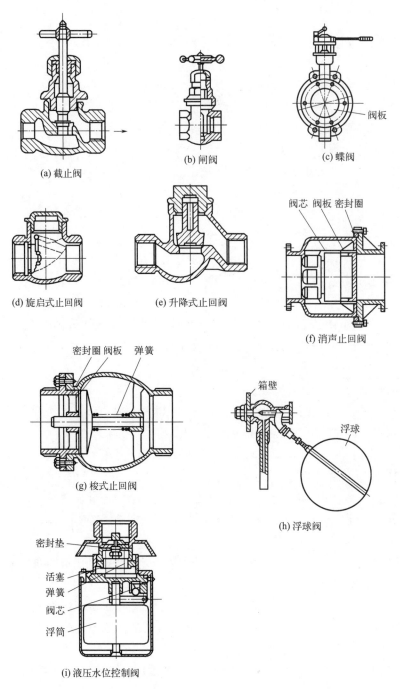

图4-2 各类阀门

7）安全阀

安全阀是一种自动泄压的报警装置。管网中安装此阀可以避免管网、用具或密闭水箱超压遭到破坏。一般有弹簧式、杠杆式两种，如图4-5所示。

除上述各种控制阀之外，还有脚踏阀、水力控制阀、弹性座封闸阀、静音式止回阀等。

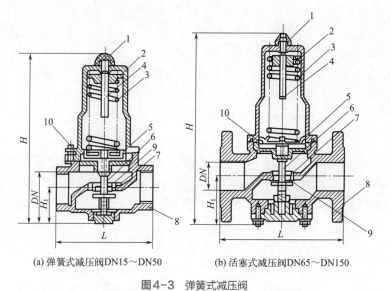

(a) 弹簧式减压阀DN15~DN50　　(b) 活塞式减压阀DN65~DN150

图4-3　弹簧式减压阀

1—盖形螺母；2—弹簧罩；3—弹簧；4—调节螺杆；5—膜片；6—阀杆；7—阀瓣；
8—阀体；9—节流口；10—O形密封圈

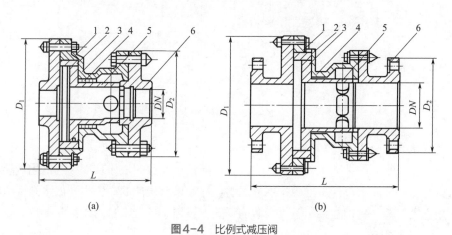

(a)　　(b)

图4-4　比例式减压阀

1—环套；2—密封圈；3—阀体；4—活塞套；5—进口端丝扣；6—进口端法兰

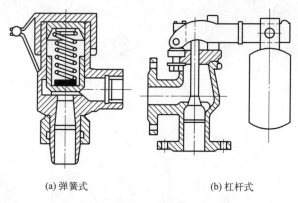

(a) 弹簧式　　(b) 杠杆式

图4-5　安全阀

4.1.4 水表

水表是一种计量用户累计用水量的仪表。

建筑给水系统中广泛采用的是流速式水表。这种水表是根据管径一定时，水流通过水表的速度与流量成正比的原理来测量的。它主要由外壳、翼轮和传动指示机构等部分组成。当水流通过水表时，推动翼轮旋转，翼轮转轴传动一系列联动齿轮，指示针显示到度盘刻度上，便可读出流量的累积值。此外，还有计数器为字轮直读的形式。

流速式水表按翼轮构造不同分为旋翼式和螺翼式。旋翼式的翼轮转轴与水流方向垂直，如图 4-6（a）所示。它的阻力较大，多为小口径水表，宜用于测量小的流量。螺翼式的翼轮转轴与水流方向平行，如图 4-6（b）所示。它的阻力较小，多为大口径水表，宜用于测量较大的流量。

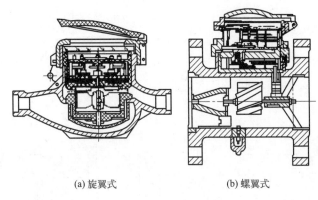

(a) 旋翼式　　　　　　(b) 螺翼式

图 4-6　流速式水表

流速式水表又分为干式和湿式两种。干式水表的计数机件用金属圆盘将水隔开，其构造复杂一些；湿式水表的计数机件浸在水中，在计数盘上装有一块厚玻璃（或钢化玻璃）用以承受水压，它机件简单，计量准确，不易漏水，但如果水质浊度高，将降低水表精度，产生磨损缩短水表寿命，宜用在水中不含杂质的管道上。用于计量水量水压的设备还有流量计和压力计。如图 4-7 所示。

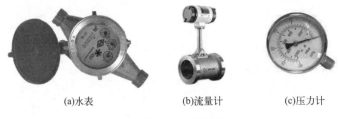

(a) 水表　　　　(b) 流量计　　　　(c) 压力计

图 4-7　给水计量设备

4.1.5 附表

以下附表内容是各种管路的代号（表 4-2），常见 PVC 塑料管和镀锌钢管规格表（表 4-3），给排水管道、附件、设施设备图例（表 4-4）。

表 4-2　管路代号

序号	名称	规定符号	序号	名称	规定符号
1	生活给水管	J	6	中水给水管	ZJ
2	雨水管	Y	7	热水给水管	RJ
3	污水管	W	8	通气管	T
4	蒸汽管	Z	9	凝结水管	N
5	循环给水管	XH	10	废水管	F

表 4-3　常见 PVC 塑料管和镀锌钢管规格表

管材类型	管径规格 /mm
PVC 穿线管	16　20　25　30　40　50　75　90　110
PVC 排水管	40　50　75　90　110　160　200　250　315　400　500
PVC 给水管	20　25　32　40　50　63　75　90　110　160　200
镀锌钢管	15　20　25　32　40　50　65　80　100　125　150

注：1. 把 1in 分成 8 等份，即 1/8、1/4、3/8、1/2、5/8、3/4、7/8in（1in=2.54cm）。

2. 镀锌钢管尺寸对照：DN15（4 分管，1/2 管）、DN20（6 分管，3/4 管）、DN25（1 寸管）、DN32（1 寸 2 管）、DN40（1 寸半管）、DN50（2 寸管）、DN65（2 寸半管）、DN80（3 寸管）、DN100（4 寸管）、DN125（5 寸管）、DN150（6 寸管）……

表 4-4　给排水管道、附件、设施设备图例

序号	名称	图例	备注
1	管道	———————	用于一张图纸内只有一种管道的情况
		—— J —— / —— P ——	用汉语拼音字表示管道类别
		- - - - - - -	用图例表示管道类别
2	交叉管	┃ ┃	指管道交叉不连接，在下方或后方的管道应断开
3	三通连接	┳	
4	四通连接	✚	
5	流向	→	
6	坡向	⟋	

续表

序号	名称	图例	备注
7	多孔管	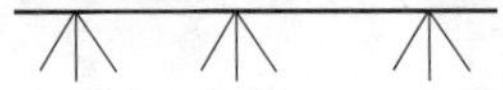	
8	防护套管	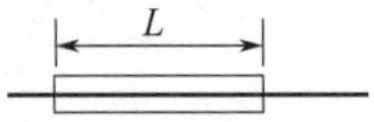	L 代表套管长度
9	管道立管	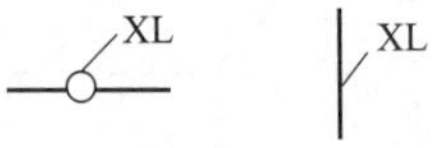 XL　XL	X 代表管道代号，L 代表立管
10	排水明沟	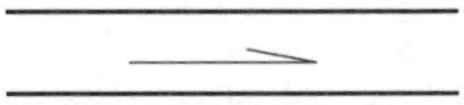	
11	排水暗沟	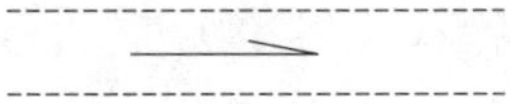	
12	存水弯		
13	检查口		
14	清扫口		左图用于平面图 右图用于系统图
15	通气帽		左图用于平面图 右图用于系统图
16	雨水斗	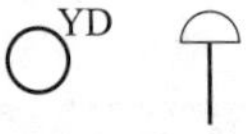 YD	左图用于平面图 右图用于系统图
17	排水地漏		左图用于平面图 右图用于系统图
18	法兰连接	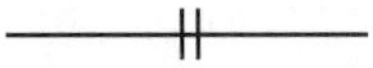	
19	承插连接		
20	螺纹连接		
21	活接头		
22	管堵		
23	法兰堵塞		
24	阀门		
25	截止阀		

续表

序号	名称	图例	备注
26	蝶阀		
27	球阀		
28	闸阀		
29	消声止回阀		
30	止回阀		
31	减压阀		
32	旋塞阀		
33	延时自闭冲洗阀		
34	电动阀		
35	放水龙头		
36	浮球阀		
37	管道泵		
38	消防报警器		
39	室内消火栓		单口
40	室内消火栓		双口
41	室外消火栓		
42	消防喷头		闭式
43	消防喷头		开式
44	水表井		
45	水泵		

续表

序号	名称	图例	备注
46	污水池		
47	管接头		
48	弯管		
49	斜三通		
50	正三通		
51	正四通		
52	雨水口		

4.1.6 附图

部分管材和管件见图 4-8。

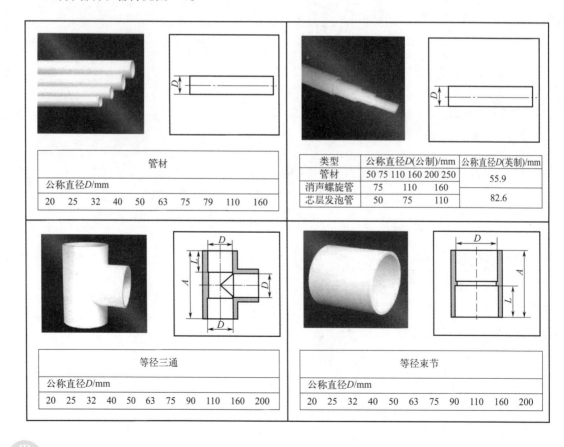

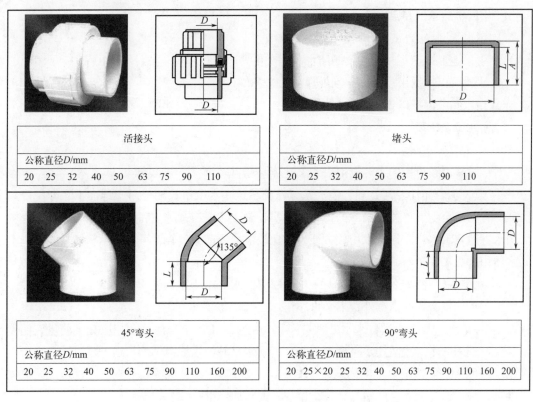

图4-8 部分管材和管件图

4.2 园林给水工程

4.2.1 园林给水工程概述

（1）园林用水的分类及要求

园林用水根据其用途可分为以下几类。

① 生活用水。生活用水是指人们日常生活用水，在园林中指办公室、生活区、简餐厅、茶室、展览馆、小卖部等用水，以及园林卫生清洗设施和特殊供水（如游泳池等）。生活用水对水质要求很高，直接关系到人身健康，其水质应符合《生活饮用水卫生标准》（GB 5749—2022）的要求。

② 养护用水。养护用水包括植物灌溉、动物笼舍的冲洗及夏季广场道路的喷洒用水等。这类用水对水质要求不高，但用水量大。

③ 造景用水。园林水体（如溪涧、湖池、喷泉、瀑布、跌水等）的补充用水。对水质的要求不高，但不能有异味，补给水方式常采用循环供水。

④ 消防用水。按国家建筑规范规定，所有建筑都应单独设消防给水系统。特别是城市森林公园里的森林和建筑双重火灾的预防，必须按照国家消防设计规范进行设置。

（2）园林给水的特点

① 用水管网线路长、面广、分散。

② 由于地形高度不一而导致的用水高程变化大。

③ 水质可以根据用途不同分别处理。

④ 用水高峰期可以错开。

（3）水源及水质

1）水源

对园林来说，可用的水源有地表水、地下水和自来水。

① 地表水。如江、河、湖、溪、水库水等，这些水由于长期暴露于地面上，容易受到污染。有的甚至受到各种污染源的污染，水质较差，必须经过净化和严格消毒，才可作为生活用水。地表水水量充沛，取用较方便，如比较清洁或污染较轻，可直接用于植物养护或水景水体用水。

② 地下水。包括泉水，以及从深井中取用的水。由于水源不易受到污染，水质较好，一般情况下除作必要的消毒外，不必再净化。

③ 自来水。是指通过自来水处理厂净化、消毒后生产出来的符合相应标准的供人们生活、生产使用的水。生活用水主要通过水厂的取水泵站汲取江河湖泊及地下水。地表水由自来水厂按照《生活饮用水卫生标准》（GB 5749—2022），经过沉淀、消毒、过滤等工艺流程的处理，最后通过配水泵站输送到各个用户，通常称作市政给水。

2）水质

园林用水的水质要求，可因其用途不同分别处理。生活用水净化的基本方法包括混凝沉淀、过滤和消毒三个步骤。

4.2.2　园林给水管网的布置

（1）给水管网的布置原则

① 干管应靠近主要供水点和调节设施（如高水池或水塔）。

② 在保证管线安全不受破坏的情况下，干管宜随地形敷设，避开复杂地形和难于施工的地段，减少土方工程量。

③ 干管应尽量埋设于绿地下，避免穿越或敷设于园路和铺装场地下，在无法避免的情况下，应设置通管暗沟。

④ 和其它管道按规定保持一定距离，如生活给水引入管与污水排出管管外壁的水平净距不宜小于 1.0m。

⑤ 为保证消火栓处有足够的水压和水量，应将消火栓与干管相连接，消火栓的布置，应先考虑主要建筑。

（2）给水布置形式

园林给水网的布置形式分为树枝状和环状两种（图 4-9）。树枝状管网经济性好，但用水的安全性较差；环状管网管道建设费用稍高，但使用很方便，主干管上某一点出故障时，其它管段仍能通水。在实际工作中，常常将两种布置方式结合起来应用。

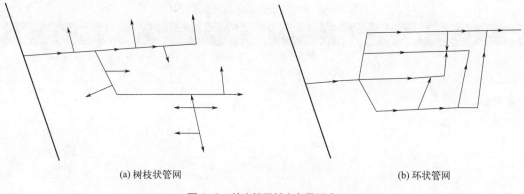

(a) 树枝状管网　　　　　　　　(b) 环状管网

图4-9　给水管网基本布置形式

4.3　园林绿地喷灌工程

　　喷灌是将灌溉水通过由喷灌设备组成的喷灌系统或喷灌机组，形成具有一定压力的水，由喷头喷射到空中，形成细小的水滴，均匀地喷洒到土壤表面，为植物正常生长提供必要水分的一种先进灌水方法。与传统的地面灌水方法相比，喷灌具有节约用水、节能、保持土壤稳定、减小劳动强度、改善小气候、景观效果佳、灌水质量高和适应性强等优点。喷灌的总体设计应根据地形、土壤、气象、水文、植物配置条件，通过技术、经济比较确定。绿地喷灌是一种模拟天然降水，对植物全株进行控制性的灌水，可以洗去植物叶面上的尘土，增加空气湿度。现已成为园林绿地和运动场草坪灌溉的主要方式。评价绿地喷灌质量的技术要素与农业喷灌基本相同，但由于绿地喷灌施水对象和使用环境不同，在系统配置、设备选型和施工要求等方面则有别于农业喷灌。

4.3.1　喷灌系统的组成

　　喷灌系统通常由喷头、管材和管件、控制设备、过滤装置、加压设备及水源等组成。

　　（1）喷头

　　喷头是喷灌系统中最重要的部件，喷头的质量与性能不仅直接影响到喷灌系统的喷灌强度、均匀度和水滴打击强度等技术要素，同时也影响系统的工程造价和运行费用。

　　1）按非工作状态分类

　　① 外露式喷头；② 地埋式喷头。

　　2）按工作状态分类

　　① 固定式喷头；② 旋转式喷头。

　　3）按工作状态分类

　　① 近射程喷头：射程小于8m。

　　② 中射程喷头：射程为8～20m。

　　③ 远射程喷头：射程大于20m。

　　根据喷头适用对象不同，园林喷灌喷头分类见表4-5。

表 4-5　园林喷灌喷头分类及相关图片

喷头名称	适用对象	特点	图片
微喷头	花园、温室及屋顶绿地	全圆或扇形喷洒，喷洒水滴大小均匀；雾化效果好，有降温加湿作用	a
地埋喷头	公园、公共绿地或运动场草坪	喷射仰角角度可调；全圆或按所需角度喷洒；水形均匀，不易形成地表径流；可更换喷嘴，易于清洗及保养	b
摇臂喷头	较大面积草坪及灌木	耐磨、不锈、性能稳定；有良好的抗风能力及防沙特性；工作压力在 0.15MPa 时即可正常运行	c
散射喷头	花坛、灌木	散射喷水可调喷洒角度，弹出高度 5cm、10cm，射程 2.2～5.8m	d
喷枪	农田、大面积草坪、森林绿地	射程远、雾化效果好、不易堵塞	

a

b

c

d

（2）管材和管件

管材和管件在绿地喷灌系统中起着纽带的作用。

① 目前国内的绿地喷灌系统中常采用塑料管的中文名称（及英文缩写）有聚氯乙烯管（PVC）、聚乙管（PE）和聚丙烯管（PPR）等。

② 塑料管的连接方式有热熔连接、胶黏连接、螺纹连接、承插连接和法兰连接等。

③ 光滑管的生产厂家较多，承压规格有 0.20MPa、0.25MPa、0.32MPa、0.63MPa、1.00MPa、1.25MPa 和 1.6MPa 等，单根管材长度一般为 4～6m。

（3）控制设备

根据控制设备的功能与作用的不同，可将控制设备分为状态性控制设备、安全性控制设备和指令性控制设备。

（4）过滤设备

一般用于水泵吸水口、阀门和喷头处。

（5）加压设备

其作用是从水源取水，并对水进行加压、水质处理、肥料注入和系统控制。一般包括动力设备、水泵、过滤器、加药器、泄压阀、逆止阀、水表、压力表及控制设备，如自动灌溉控制器、恒压变频控制装置等。首部枢纽设备的多少，可视系统类型、水源条件及用户要求有所增减。当城市供水系统的压力满足不了喷灌工作压力的要求时，应建专用水泵站或加压水泵室。加压设备有离心泵、井用泵、小型潜水泵等。

（6）水源

一般多用城市供水系统作为喷灌水源，另外，井水、泉水、湖泊、水库、河流也可作为水源。在绿地的整个生长季节,水源应有可靠的供水保证。同时,水源水质应满足灌溉水质标准的要求。

4.3.2 喷灌形式的选择

依喷灌方式,喷灌系统可分为移动式、半固定式、固定式三种。

① 移动式喷灌系统:适合有天然水源(池塘、河流等)的园林绿地灌溉。
② 固定式喷灌系统:现在公园、广场、运动场等草坪上应用最广。如图4-10所示。
③ 半固定式喷灌系统:多应用在大型花圃、苗圃及菜地,公园的树林区也可以使用。

图4-10 运动场草坪的固定式地埋喷头

4.3.3 喷头设计前的资料收集

① 灌区的地形图:包括灌区的面积、位置、地势等。
② 气象资料:包括气温、雨量、湿度、风向、风速等。
③ 土壤资料:包括土壤的质地、持水能力、吸水能力、土层厚度等。
④ 植被情况:包括植物的种类、种植面积、耗水量、根系深度等。
⑤ 水源情况:可取自项目地附近的江河湖水、引入市政自来水或打井取水。
⑥ 动力:电源的引进和增压泵的设置情况。
⑦ 人文因素:包括喷灌系统的期望投资和期望年限等。

4.3.4 滴灌

与喷头系统相反,滴灌是直接将水浇到单个植物的一个系统,它灌溉全部的地表区域。这是由相当小直径的支管完成的,这些支管被附加上了"灌溉器",以向每一株植物供水。滴灌是按照植物需水要求,通过管道系统与安装在毛管上的灌水器,将水和植物需要的水分和养分一滴一滴,均匀而又缓慢地滴入植物根区土壤中的灌水方法。滴灌不破坏土壤结构,土壤内部水、肥、气、热经常保持适宜于植物生长的良好状况,蒸发损失小,不产生地面径流,几乎没有深层渗漏,是一种省水的灌溉方式。

滴灌的主要特点是灌水量小，灌水器每小时流量为 2～12L，因此，一次灌水延续时间较长，灌水的周期短，可以做到小水勤灌；需要的工作压力低，能够较准确地控制灌水量，可减少无效的棵间蒸发，不会造成水的浪费；滴灌还能自动化管理。节水、节肥、省工是滴灌的优点，其不足之处是滴头易结垢和堵塞，因此应对水源进行严格的过滤处理。

（1）滴灌器在滴灌系统布置的原则

① 围绕着植物对称的滴灌器轮廓。

② 安装偶数个滴灌器。

③ 滴灌器布置在树木的滴线上或其附近，并且随着植物的生长及滴线的扩张向外移动。

（2）系统部件

常用的滴灌系统部件，按从上游到下游的工作顺序是：

①泵（或者有压水源）；②一次过滤器；③化肥喷射器；④一次压力调节器；⑤主管；⑥遥控阀；⑦二次过滤；⑧二次压力调节；⑨多叉支管；⑩分区控制阀；⑪支管；⑫滴灌器；⑬冲洗插头。

图 4-11 为常用的滴灌系统支管，并标示了许多部件。多叉支管是遥控阀和分区控制阀之间的部分。这种管上没有滴灌器，是为了使系统操作起来更灵活，便于使用。

图 4-12 显示了支管沿分区控制阀下游的线路布置。一个多出口滴灌器用在树木上，而两个单出口滴灌器用在每株灌木上。需要注意的是，聚乙烯支管汇集在冲洗插头外。冲洗插头可以非常简单并且不需要安装在阀箱中，但是每个支管端都应该有一个冲洗塞，以便于定期冲洗，除去悬浮固体颗粒物，这些来自流水的颗粒物随着速度的下降而沉积下来。

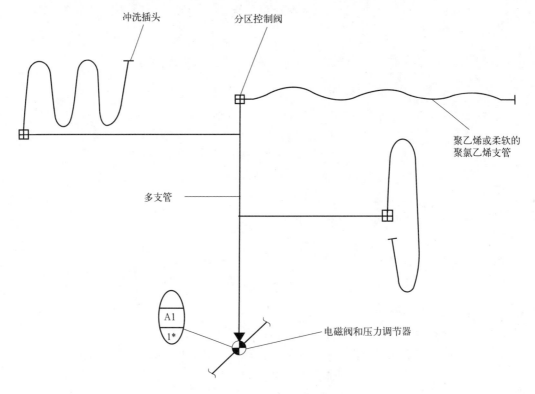

图 4-11 常用的滴灌支管示意图

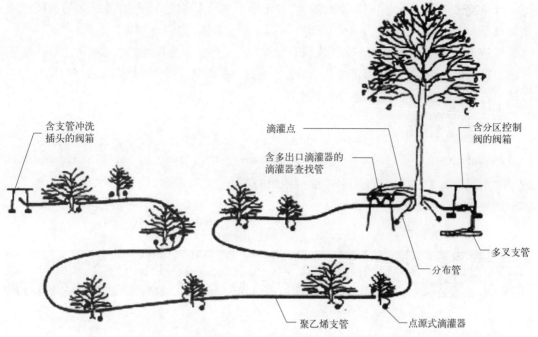

图4-12　分区控制阀和聚乙烯管或者软的聚氯乙烯管线路示意图

（3）滴灌的优点和缺点

1）滴灌的优点

① 精确控制植物根区中的水。

② 减少杂草生长。

③ 蒸发损失最小（甚至可忽略）。

④ 灌溉效率高。

⑤ 相对喷灌流速低（这意味着连接点较小和设施投资费较低、阀较少、控制器较小及线较少）。

⑥ 减少了蒸发和漫流。

⑦ 比喷头的单位安装成本要低（当固定在灌木基土的地表上并且隐藏在覆盖层下的时候）。

⑧ 没有灌溉系统的迹象，因此更不易被破坏。

⑨ 有利于植物反应（使植物更茁壮、健康）。

⑩ 灵活的运行时间，考虑了在白天、大风条件和行人在场期间的可能灌溉（一种扩展水窗的好方式）。

⑪ 如果增加植物，可灵活地增加滴灌器。

⑫ 比较而言，易于将溶于水的肥料和化学物质引入灌溉系统中。

2）滴灌的缺点

① 需要过滤以防止滴灌器堵塞。

② 管理更复杂。

③ 比喷灌要用更多的相关配套设施。

④ 只有在植物缺水之后，维护问题的下一个征兆（滴灌器堵塞）才会出现。

⑤ 可能引起盐分积累（当在含盐量高的土壤上进行滴灌或是利用咸水滴灌时可能会发生的现象）。

⑥ 可能限制根系的发展。由于滴灌只湿润部分土壤，加之作物的根系有向水性，这样就会引起作物根系集中向湿润区生长。另外，在没有灌溉就没有农业的地区，如我国西北干旱地区，应用滴灌时，应正确地布置灌水器。

4.3.5 喷灌系统的设计

喷头的组合形式（也叫布置形式），是指各喷头相对位置的安排。在喷头射程相同的情况下，不同的布置形式，其支管和喷头的间距也不同，表4-6是常用的几种喷头组合形式及其有效控制面积和适用范围。

表4-6 几种喷头布置形式

序号	喷头组合图形	喷洒方式	喷头间距（L），支管间距（b）与喷头射程（R）的关系	有效控制面积（S）	适用
A	正方形	全圆	$L=b=1.42R$	$S=2R^2$	在风向改变频繁的地方效果较好
B	正三角形	全圆	$L=1.73R$ $b=1.5R$	$S=2.6R^2$	在无风的情况下喷灌的均匀度最好
C	矩形	扇形	$L=R$ $b=1.73R$	$S=1.73R^2$	较A，B节省管道
D	等腰三角形	扇形	$L=R$ $b=1.87R$	$S=1.865R^2$	较A，B节省管道

4.4 园林排水工程

4.4.1 园林排水的特点

① 主要是排除雨水或少量生活污水。
② 园林中地形起伏多变，有利于地面水的排除。
③ 园林中大多有水体，雨水可就近排入水体。
④ 园林可采用多种方式排水，不同地段可根据其具体情况采用适当的排水方式。
⑤ 排水设施应尽量结合水景造景。
⑥ 排水的同时还要考虑土壤能吸收到足够的水分，以利植物生长，干旱地区尤应注意保水。

4.4.2 园林排水的主要形式

① 地面排水。即利用地形自然排除雨、雪水等天然降水，此法最为经济。
地面排水方式可归结为五个字：拦、阻、蓄、分、导。
a. 拦：把地表水拦截于园地或某局部之外。
b. 阻：在径流的路线上设置障碍物挡水，达到消力降速、减少冲刷的作用。
c. 蓄：利用绿地保水、蓄水及地表洼地或园内水体蓄水。
d. 分：用山石、地形、建筑墙体将大股地表径流分成多股细流，减少危害。
e. 导：把多股的地表径流或造成危害的地表径流利用地面、明沟、道路边沟或管渠及时排放于水体或雨水管渠中。

② 管道排水。即利用排水设施排水，这种排水方式主要排除生活污水、生产废水、游乐废水和集中汇集到管道中的雨、雪水。在园林中的某些局部，如低洼的绿地、铺装的广场及休息场所、建筑物周围的积水及污水，一般利用敷设管道的方式进行排除。其优点是不占绿化地，不妨碍地面活动，卫生和美观，排水效率高。但造价高，检修困难。

③ 明沟排水。主要是土质明沟，其断面形式有梯形、三角形和自然式浅沟。沟内可植草种花；在某些地段根据需要也可砌砖、石或混凝土，断面形式常采用梯形或矩形。

④ 盲沟排水。盲沟是一种地下排水渠道，又名暗沟、盲渠，主要用于排除地下水，降低地下水位。适用于一些要求排水良好的全天候的体育活动场地、地下水位高及某些不耐水的园林植物生长区等。

A. 盲沟排水的优点。取材方便，可废物利用，造价低廉；不需要附加雨水口、检查井等构筑物，地面不留"痕迹"，从而保持了园林绿地草坪及其他活动场地的完整性。

B. 盲沟的布置形式。盲沟的布置形式取决于地形及地下水的流动方向。大致可分为以下四种形式（图4-13）。
a. 自然式（树枝式），适用于周边高中间低的山坞状园址地形。
b. 截流式，适用于四周或一侧较高的园址地形情况。

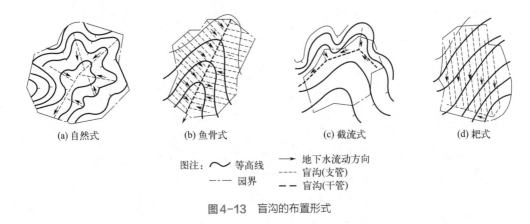

图 4-13 盲沟的布置形式

c. 鱼骨式，适用于谷地或低洼积水较多处。

d. 耙式，适用于一面坡的情况。

C. 盲沟的构造。因透水材料多种多样，故盲沟的类型也多。常用材料及构造形式如图 4-14 所示。

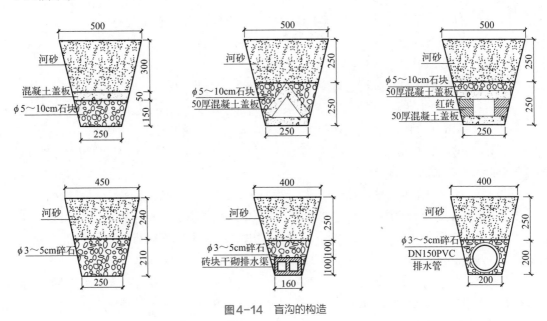

图 4-14 盲沟的构造

4.4.3 雨水管道系统的组成

雨水管道系统通常由雨水口、连接管、检查井、干管和出水口五部分组成。

（1）雨水口

雨水口是雨水管渠上收集雨水的构筑物，设置在道路边沟、汇水点或地势低洼处。一般雨水口低于周围地面 2～5cm，一个平箅雨水口可排泄 15～20L/s 的地面径流量。雨水口设置的间距，在直线上一般控制在 30～80m。雨水口由进水口、井筒、连接管组成。

雨水口为标准构筑物，一般可查标准图集直接获得。

（2）连接管

连接管是雨水口与检查井之间的连接管段，管径常为200mm，长度一般不超过25m，坡度不小于3%。

（3）检查井

检查井是为了进行管段连接、检查和管道清通而设置的雨水管道系统附属构筑物。通常设在管渠交汇、转弯、管渠尺寸或坡度改变、跌水等处，以及相隔一定距离的直线管段上。相邻检查井之间管渠应成一直线，井与井之间的最大距离如表4-7所示。

表4-7　直线道路上相邻检查井之间的最大距离

管线或暗渠净高 /m	最大间距 /m	
	污水管道	雨水管道
200～400	30	40
500～700	50	60
800～1000	70	80
1000～1500	90	100
1500～2000	100	120

检查井也为标准构筑物，一般可查标准图集直接获得。

（4）出水口

出水口设在雨水管渠系统的终端，用以将汇集的雨水排入天然水体。

园林的雨水口、检查井、出水口等，在满足构筑物本身的功能要求下，其外观应作为园林景观来考虑，可以运用各种艺术造型及工程处理手法加以美化，使之成为园林一景。

4.5　园林绿地喷灌工程施工步骤和规范

4.5.1　绿地喷灌施工步骤

喷灌系统施工安装的总要求是，严格按施工图设计进行，如果变更设计必须先征得建设单位和设计单位同意后方可变更。

喷灌系统施工工序包括施工准备→施工放样→立标制桩、分组放线→管沟开挖→安装主管线、安装支管管线→安装各种控制阀及砌筑阀门井→管沟回填→冲洗管道→安装堵头或喷头、快速取水阀→闭水检验→管道试运行→检验合格投入使用。

（1）施工准备

根据园林工程设计的总体布局，认真进行现场勘查，做到心中有数，了解地下管线走向和埋设情况，确定给水管线的埋深。在进行施工之前先要询问建设单位水源位置，并测静态水压。按照设计要求，采购喷管系统的所有设备和材料，要预先了解各种设备、材料的型号、性能，并掌握其安装技术。

（2）施工放样

喷灌施工放样应先喷头后管道，对于每一块独立的喷灌区域，施工放样时应先确定喷头位置，再确定管道位置。管道定位前应对喷头定位结果进行认真核查，包括喷头数量和间距。放样方法是将绿地喷灌区域分为闭边界区域和开边界区域两类。园林绿化喷灌的区域一般属于闭边界区域。草场、高尔夫球场等大型绿地喷灌区域多为开边界区域。对于不同的喷灌区域，施工放样的方法有所不同。

闭边界喷灌区域首先应该确定喷灌区域的边界。在大多数情况下，喷灌区域与绿化区域基本吻合。并且在工程施工放样前，绿化区域已经确定，所以很容易确定喷灌区域的边界，可直接按照点、线、面的顺序确定喷头位置，进而结合设计图纸确定管道位置。然而，在有些情况下，喷灌区域与绿化区域不相吻合，或喷灌工程施工时绿化区域尚没有在实地确定，需要通过现场实测确定喷灌区域的边界。

开边界喷灌区域没有明确的边界，或者喷灌区域的边界不封闭，无法完全按照点、线、面的顺序进行喷头定位，如大型郊外草场、绿地、高尔夫球场等。对于开边界喷灌区域，首先应该确定喷灌区域的特征线（称为"基线"）。特征线可以是场地的几何轴线、局部边界线或喷灌技术要求明显变化的界线等。完成特征线测量后，再以特征线为基准进行喷头定位，进而根据设计图纸进行沟槽定线。

（3）管沟开挖

土方工程根据现场的土质及地下水位情况，根据图纸设计埋深确定沟槽放坡，开挖方案一般采取人工开挖，注意及时将沟槽内的积水排除，严禁泡槽。开挖时，要把表层土下面的阴土或者建筑垃圾分开放置，管沟要找好坡度，沟下面不要有尖锐的东西，要做平与做直，满足设计和施工规范的要求。

（4）管道安装

管道安装是绿地喷灌工程中的主要施工工程，固定式喷灌系统管道施工的技术要求较高，为保证施工质量，施工时最好有设计人员和喷灌系统的管理人员参加。这样一方面可以保证施工符合设计要求，另一方面也便于管理人员熟悉整个喷灌系统的情况，及时维修处理。

管道安装的施工要求：管道敷设应在槽床标高和管道基础质量检查合格后进行。管道的最大承受压力必须满足设计要求，不得采用无测压实验报告的产品。敷设管道前要对管材、管件、密封圈等进行一次外观检查，有质量问题的不得采用。金属管道在敷设之前应预先进行防锈处理。敷设时如发现防锈层损伤或脱落应及时修补。

管道安装施工中断时，应采取管口封堵措施，防止杂物进入。施工结束后，敷设管道时所用的垫块应及时拆除。管道系统中设置的阀门井的井壁应勾缝，管道穿墙处应进行砖混封堵，防止地表水夹带泥土进入。阀门井底用砾石回填，满足阀门井的泄水要求。

（5）管沟回填

先在管材上面回填一层好土，再把原先挖出的土回填，大的建筑垃圾要清理走，回填前应对土质（土类、含水量等）进行检验，禁止回填杂草及腐殖土。

（6）快速取水阀

为便于临时取水，或对喷灌不易控制的边角地段进行人工喷灌，在主管道上一般需安装一定数量的快速取水阀。这种快速取水阀与所配套的钥匙配合使用,插入钥匙,阀门即可自动开启供水;若要停止灌水,只需取下钥匙,阀门会自动关闭。

(7)管道冲洗和试压检验

管道安装工序完成后,在正式使用前,进行管道冲洗及试水试验:一方面冲洗安装过程中残留泥沙,另一方面检测管道有无漏水,喷头射程等是否达到设计要求。试压检验应分区段,试压前应做好管道固定,压力表、加压水泵及排气阀安装等工作。试压合格后,施工单位和业主代表将共同对每一个喷头进行检视,并以书面形式就喷灌工程的完成进行签证验收方可交付使用。

(8)闭水试验

根据设计和监理工程师的要求做闭水试验,以便检查管道及检查井渗水是否在规定允许值内。先将试验段管道的下游及上游检查井的进水管给予封堵,封堵采用砖砌水泥浆抹面,然后利用上游检查井进行闭水;试验管段从上游井注水,待管段注满水后,经24h浸泡,管壁充分吸水,使水位下降稳定;试验水位,应为试验管段上游管内顶以上2m,如上游管内顶至检查井口的高度小于2m时,测量水位下降高度,计算出实际渗水量,然后与允许渗水量相比较,小于允许值则试验合格,大于允许值则需检查原因,找出问题所在,进行处理。

(9)喷头安装

安装前必须对喷头喷洒角度进行预置,可调扇形喷洒角度的喷头,出厂时大多设置在180°,因此在安装前应根据实际地形对扇形喷洒角度的要求,把喷头调节到所需角度。还应将滤网进水口设置为与喷嘴标号一致。

安装过程中注意地埋喷头顶部与地面等高,这就要求在安装喷头时喷头顶部要低于松土地面,为以后的地面沉降留有余地,或在草坪地面不再沉降时安装喷头。

喷头与支管连接最好采用铰接接头或柔性连接,可有效防止由于机械冲击,如剪草机作业或人为活动而引起的管道喷头损坏。同时,采用铰接接头,还便于施工时调整喷头的安装高度。

在一些公共区域,为防止人为破坏,可以选择安装防盗接头,将其安装在喷头进口处。如果有人试图将喷头旋转拧下,该接头与喷头会一起旋转,从而可以起到防盗保护的作用,另外也可以选择安装套管,同样可以起到防盗作用。

4.5.2 塑料管材焊接步骤与规范

以聚丙烯管(PPR管)为例,产品特点如下。

① 管材与管件连接均应采用热熔连接方式,不允许在管材和管件上直接套螺纹。与金属管道及用水器连接必须使用带金属嵌件的管件。

② 热熔连接施工必须使用产品所属同一公司提供的管材、管件产品,以确保熔接质量。

③ 手持式熔接工具适用于小口径管及系统最后连接,台车式熔接机适用于大口径管预装配连接。

④ 熔接施工应严格按规定的技术参数操作,在加热和插接过程中不能随意转动管材,允许在管道和接头焊接之后的几秒钟内调节接头位置。正常熔接在结合面应有一均匀的熔接圈。

⑤ 施工后须经试压验收后方能封管及使用。

如图 4-15 所示为熔接步骤（管材与管件完全熔为一体，才能真正完美地吻合，达到永不渗漏）。

步骤 1：切断管材，切断时，必须使用切管器垂直切断，切断后应将切头清除干净。

步骤 2：在管材插入深度处做记号（等于接头的套入深度）。

步骤 3：把整个嵌入深度加热，包括管材和接头，在焊接工具上进行。

步骤 4：当加热时间完成后，把管材平稳而均匀地推入接头中，形成牢固而完美的结合。

步骤1

步骤2

步骤3

步骤4

图 4-15　熔接步骤

模块 5
园林植物种植技术

5.1 园林植物栽植工程技术

5.1.1 概述

绿化种植工程指的是根据审定的绿化种植施工图或一定的计划完成某一地区的全部或局部的植树任务。栽植的工作具有一定的系统性,主要包括起苗前的根与枝叶控制、掘起、包装、搬运、种植等一系列步骤。将要移栽的植物,从某地连根起出的操作,叫起苗。将掘起的植株,进行合理的包装,并运到栽植地点,叫搬运。按要求将移来的植物栽植入土的操作,叫种植。"定植"指的是栽植之后不再进行挪动;"移植"指的是栽植后过一段时间要挪到另一个地点;"假植"指的是在掘起或搬动后,由于某些原因不能及时种植,为保护植物根系、维持正常的生理活动而临时埋于土的措施。

为了保证种植工作能够按时完成,需要注意以下几个问题。

① 必须符合规划设计要求。为了充分实现设计者所预想的美好意图,施工者必须熟悉图纸,理解设计意图与要求,并严格遵照设计图纸进行施工。如果出现设计图纸与现场不相符的情况,需立即与设计人员沟通,在取得设计人员的同意之后,才可以进行相关的调整。

② 种植技术必须符合树木的生态习性。不同树种除有树木共同的生理特性外,还有本身的特性,施工人员必须了解其共性与特性,并采取相应的技术措施,否则将无法保证植株的成活率,种植工程的工作进度也会受到影响。

③ 在最适宜的种植季节施工。

④ 严格执行种植工程的技术规范和操作规程。

5.1.2 绿化地清理和整理

园林绿化施工现场面积一般很大,施工前场地清理也是一项必需的工作。要拆除所有弃用的建筑物或构筑物,清除所有无用的地表杂物。对现场中原有的树木,要尽量保留。特别是大树、古树和成片的乔木树林，更要妥善保护，最好在外围采取临时性的围护隔离措施，保护其在工程施工期间不受损害。对原有的灌木，则可视具体情况，或是保留，或是移走，甚或是为了施工方便而砍去，可灵活处理。

根据园林规划或园林种植设计的安排，已经确定的绿化用地范围，施工中最好不要临时挪作他用，特别是不要作为建筑施工的备料、配料场地使用，以免破坏土质。若作为临时性的堆放场地，也要求堆放物对土质无不利影响。在进行绿化施工之前，绿化用地上的所有建筑垃圾和其它杂物，都要清除干净。土质已遭碱化、污染的，要清除恶土，置换肥沃客土。

在园林绿化建设中，绿化用地具有非常重要的地位，直接影响着绿化建设的成败。植物的生长离不开土壤，土壤是植物最基本的生活环境，良好的苗木必须有适合其生长的立地条件。绿化施工前对绿化种植区内进行整地，能够有效地改善种植地的物理性质，疏松土壤，使土壤透气性有所增加，加快土壤中有机物的分解，提高土壤保水抗旱能力，与此同时，还能起到铲除杂草、减少病虫害侵袭的作用。通常情况下，应在植树前3个月以上的时期进行整地，最好是整好地后经过一个雨季。清理障碍物和平整土面也是整地工作的一部分。在整地中需要注意的问题是，有些特殊场地要进行特殊清理，如强酸土、强碱性土、重黏土、沙土等，应根据设计规定采取相应的技术措施，如客土填充或改良土壤。除此之外，应在低湿地挖排水沟，降低下水位等。

5.1.3 苗木的选择

苗木质量的好坏是影响其成活、生长和景观效果的重要因素之一。所选苗木应根系发达、生长茁壮、无检疫性病虫害，多用假植苗、移栽苗或容器苗。

关于苗木选择最低标准参考表5-1。

表5-1 苗木质量要求最低标准

苗木种类	质量要求
乔木	树干：主干不得过于弯曲，无蛀干害虫，有明显主轴树种应有中央领导枝 树冠：树冠茂密，各方向枝条分布均匀，无严重损伤及病虫害 根系：有良好的须根，大根不得有严重损伤，根际无肿瘤及其它病害 土球：带土球的苗木，土球完整，无破裂或松散现象，捆绑的草绳不松脱
灌木	灌木冠幅完整，有短主干，或丛灌有主茎3～6个，分布均匀，根际有分枝，无病虫害，须根良好
藤本植物	茎体粗壮，无折断折伤
袋装苗、草本植物	生长旺盛，冠幅符合规格，花期适当；植株低矮，高度30cm左右；叶面干净，无病虫害
草皮	草皮边缘整齐（一般为30cm×30cm或30cm×100cm），草密度不低于85%，无明显杂草

5.1.4 树木定点放线、种植穴挖掘

（1）定点放线

定点放线的方法也有很多种，常用的有以下两种。

1）规则式栽植放线

成行成列式栽植树木称为规则式栽植。可以选地面上某一固定设施为基点，直接用皮尺

定出行位或列位，再按株距定出株位。可每隔 10 株中间钉一木桩，作为行位控制标记及确定单株位置的依据，然后用白灰（双飞粉）标出单株位置。

2）自然式栽植放线

自然式栽植的特点是植株间距不等，呈不规则栽植，如公园绿地的种植设计。方法有以下几种。

① 交会法：以建筑物的两个固定位置为依据，根据设计图上植株与这两点的距离相交会的情况，定出植株位置，以白灰点表示。交会法适用于范围较小，现场内建筑物或其他标记与设计图相符的绿地。

② 网格法：网格法是按比例在设计图上和现场分别找出距离相等的方格（边长 5m、10m、20m），在设计图上量出树木到方格纵横坐标的距离，再到现场相应的方格中按比例量出坐标的距离，即可定出植株位置，以白灰点表示。网格法适用于范围大而平坦的绿地。

③ 小平板定点：小平板定点是依据基点，将植株位置按设计依次定出，用白灰点表示。小平板定点适用于范围较大，基点测量准确的绿地。

④ 平行法：本法适用于带状铺地植物绿化放线，特别是流线型花带实地放线。

（2）挖穴

栽植坑的大小，应随苗木规格的大小而定，一般应大于根系或土球直径 0.3～0.5m。根据树种根系类型确定穴深（表 5-2、表 5-3）。栽植穴的形状一般为直筒型或正方形，穴底挖平后把底土稍耙细，保持平底状。

表 5-2　常绿乔木类栽植穴规格　　　　　　　　　　　　　　　　　　单位：cm

树高	土球直径	栽植穴深度	栽植穴直径
150	40～50	50～60	80～90
150～250	70～80	80～90	100～110
250～400	80～100	90～110	120～130
400 以上	140 以上	120 以上	180 以上

表 5-3　落叶乔木类栽植穴规格　　　　　　　　　　　　　　　　　　单位：cm

胸径	栽植穴深度	栽植穴直径	胸径	栽植穴深度	栽植穴直径
2～3	30～40	40～60	5～6	60～70	80～90
3～4	40～50	60～70	6～8	70～80	90～100
4～5	50～60	70～80	8～10	80～90	100～110

① 堆放：挖穴时，挖出的表土与底土应分别堆放，待填土时将表土填入下部，底土填入上部和作围堰用。

② 地下物处理：挖穴时，如遇地下管线时，应停止操作，及时找有关部门配合解决，以免发生事故。发现有严重影响操作的地下障碍物时，应与设计人员协商，适当改动位置。

③ 施肥与换土：土壤较贫瘠时，先在穴部施入有机肥料作基肥。将基肥与土壤混合后置于穴底，其上再覆盖 5cm 厚表土，然后栽树。

土质不好的地段，穴内需换客土。如石砾较多，土壤过于坚实或被严重污染，或含盐量过高，不适宜植物生长时，应换入疏松肥沃的客土。

5.1.5 苗木种植（定植）

树木的栽植要根据其生长习性做到适时种植。在施工现场，一般采用以下种植顺序：先乔木，再灌木，后地被；先常绿乔木，后落叶乔木。定植的工艺流程如下。

（1）种植前修剪

修剪主要是剪去在运输过程中受到损害的根、枝、叶，以减少水分蒸腾，促进苗木成活和生长。高大乔木应于栽前修剪，小苗、灌木可于栽后修剪。

（2）散苗

将苗木按设计图纸或定点木桩，散放在定植穴旁边的工序称为散苗。散苗时应注意以下几点。

① 散苗人员要充分理解设计意图，对苗木规格作统筹调配。

② 要爱护苗木，轻拿轻放，不得伤害苗木。

③ 在假植沟内取苗时应按顺序进行，取后应随时用土埋严。

④ 作为行道树、绿篱的苗木应于栽植前量好高度，按高度分级排列，以保证邻近苗木规格基本一致。

（3）栽苗

栽苗是将苗木直立于穴内，分层填土，提苗木到合适高度，踩实固定的工序。

① 裸根苗木的栽植。将苗木置于穴中央扶直，填入表土至一半时，将苗木轻轻提起，使根颈部位与地表相平，保持根系舒展，踩实，填土直到穴口处，再踩实，筑土堰。

② 带土球苗木的栽植。栽植前应度量土穴与土球的规格是否相适应（一般穴径比土球直径大0.3～0.5m）。土球入穴后，填土固定，扶直树干，剪开包装材料并尽量取出。填土至一半时，用木棍将土球四周夯实，再填土到穴口，夯实，筑土堰。

（4）支撑养护

较大苗木为防止被风吹倒，或人流活动损坏，应立支柱支撑。

（5）浇水

水是保证植树成活的重要条件，定植后必须连续浇灌几次水，直到浇透，尤其是气候干旱、蒸发量大的地区更为重要。

5.2 小型花坛建植技术

5.2.1 施工前准备

（1）施工现场准备和施工图纸查验

按设计要求准备材料、场地、人工等，查看施工现场是否符合设计要求，如施工现场存在无法满足设计的情况，在7天内提出调整方案，提交有关部门审查，经有关部门同意，按调整后方案施工。

(2) 土壤和地形条件的准备

花坛花卉的种植必须保证土壤深厚、肥沃、疏松。种植前，必须进行深翻细作，一般应深翻30～40cm，除去石块、残根、杂草及其它杂物。如果种植的是深根性的花灌木，翻耕更深一些。若土质较差，对表层土壤进行换土（30cm表土），根据需要，施加有机肥作为基肥。然后，按设计要求对地形、坡度进行整理，做到表土平整、排水良好。

(3) 花卉植物材料的准备

花坛植物材料选择应符合以下要求。

① 选择主干矮壮、分枝（分蘖）强健、株型整齐、抗病力强的花卉。

② 选择根系完好、生长健壮、花蕾露色、开花及时的植株。

③ 花卉应统一规格，同一品种株高、花色、冠径、花期等无明显差异。

④ 花卉有效观赏期不低于45天，花期符合设计要求。

⑤ 花卉生长健壮，无明显病虫害，无枯黄叶，无脱水现象，无严重损伤。

⑥ 花卉尽量选择盆栽苗，若是地栽苗，应带宿土，用盛器运输，防止机械损伤，保持湿润状态。

5.2.2 平面式花坛种植施工技术

(1) 种植床和花坛边缘施工

平面花坛，不一定呈水平状，它的形状也可以随地形、位置、环境自由处理成各种简单的几何形状，并带有一定的排水坡度。平面花坛有单面观赏和多面观赏等多种形式。

花坛边缘可以用硬质材料作镶边或者植物材料镶边。硬质材料一般采用青砖、红砖、石块、木质或竹质栅栏条、水泥预制等材料作砌边，砌边注意留出排水孔。植物材料可以采用绿篱或低矮植物（如葱兰、麦冬）镶边，也可以用草坪植物铺边。

(2) 定点放线

定点放线，是在花卉植物种植前，按设计图纸，在地面上准确画出花坛位置和范围轮廓线。一般简单小型花坛，根据设计图纸，按照设计比例直接放样。通常用皮尺量好实际距离，并用灰点、灰线作出明显标记。如果花坛面积过大，可用方格网法放线，对现场地面进行分块绘制样线。

(3) 栽植

种植前检查种植床，若种植床土壤干燥，可事先灌浇土壤。若花卉是地栽苗，则尽量随起随栽，起苗保持根系完整，并带原土。若是盆栽苗或袋苗，种植前轻轻将盆或育苗袋脱去，注意保持土球完整种植于种植床内，种植深度应稍高于原土球高度，土球表面覆盖一层土壤。平面花坛，由于管理粗放，除采用幼苗直接移栽外，也可以在花坛内直接播种，若是播种，注意保持土壤湿度，出苗后，应及时进行间苗管理。同时应根据需要，适当施用追肥，追肥后应及时浇水。若是种植球根花卉，种植深度要严格把控，种植土覆盖厚度为球根高度的1～2倍，种植球根花卉不可施用未经充分腐熟的有机肥料，否则会造成球根腐烂。种植顺序一般为先里面后外面，先中间后周边，这样可以保护已种植好的花卉不被踩踏，栽种时采用"品"字种植法插空种植，避免成行成距的种植方式。

（4）养护管理

花坛的养护管理包括中耕除草、修剪、补苗、防止病虫害等。

① 中耕除草：可保持土壤疏松，有利于植物生长，且可及时清除杂草，一方面减少杂草和花坛植物的竞争，另一方面保证花坛整洁的景观效果。中耕除草主要保证既要有中耕深度，又要避免损伤花坛植物的根系。掘出的杂草及时清理，以免滋生病菌或腐熟发热。

② 修剪：保证花坛景观花卉植物的艳丽，管理过程中定时修剪残花，不仅保证景观效果，还可以促进二次开花，让花坛开花不断。

③ 补苗：花坛中发生植物死亡空缺，及时补苗。

④ 病虫害管理：定时喷药防止病虫害，发生病虫害，及时拔取病株。

5.2.3 模纹花坛种植施工技术

（1）模纹花坛的整地翻耕

除了花坛常规翻耕细作以外，模纹花坛平整要求比一般花坛高，为了防止花坛出现下沉和不均匀现象，在施工时应增加 1～2 次镇压。

（2）上顶子

模纹花坛的中心多数栽种苏铁、龙舌兰及其它球形盆栽植物，也有在中心地带布置高低层次不同的盆栽植物，称之为"上顶子"。

（3）定点放线

上顶子的盆栽植物种好后，应将花坛的其它部位翻耕均匀、耙平，然后按图纸的纹样精确地进行放线。放线可用方格网法，对图纸花纹进行分块绘制，用白色腻子粉撒在所画的花纹线上。也有用铅丝、胶合板等按设计图纸的式样编好图案轮廓线后，在花坛地面上轻压出清晰的纹线，以此在地表面上打样。若图样不大，还可以用纸板、纤维板、塑料布打印图样铺设于样地上按图绘制，这样比较精准，适用于精细图案的模纹花坛。

（4）栽种

模纹花坛种植，一般先栽主要纹样，逐次进行，种植时依然保持按照图案花纹先里后外，先左后右。

模纹花坛种植主要强调纹理和浮雕效果，施工人员事先堆土做出纹理，再将植物栽到鼓起的地形上，就会形成具有微弧形的纹理。模纹花坛种植需要紧密，株行距视植物大小而定，以植物叶碰叶为主，最窄的纹理也要保证有 3 行左右才能形成饱满的纹样。

（5）修剪

为了保证模纹花坛的效果，修剪是关键。植物种植好后就要进行 1 次修剪，以后每隔 15～20 天修剪 1 次。修剪根据模纹需求，常有两种修剪方法。一种为平剪法，平剪水平于地面将纹样和文字修剪平整，顶部微高，边缘稍低。第二种为微拱的浮雕形，修剪时，平剪稍微倾斜一定角度，使修剪植物从边缘到中心依次呈弧形增高，使纹样或文字呈圆拱形。修剪时要随着植物的增长逐渐升高，保证不能修剪到分枝以下。

5.2.4 立体花坛种植施工技术

立体花坛就是用砖、木、竹、泥、不锈钢材料或塑料等制成骨架，再用不同花卉布置外形，使之成为不同造型，如动物形状、地球形状、花篮形状，甚至更复杂的建筑景观形状，2019年中国北京世界园艺博览会环主干道就做了北京各个区形象景观的立体花坛。立体花坛基座的四周，一般会布置配景植物，衬托立体花坛的主题和烘托氛围。

（1）立架造型

外形结构一般应根据设计图，先用建筑材料制作大体相似的骨架外形，外面先盖一层网纱，装入泥炭土用木棍压紧后再覆盖一层网纱，装订网纱骨架表面，有时也可以用竹、木棍、竹片条、铅丝等扎成立架，再包泥炭基质包。若立体花坛上有纹理，可用塑料隔板将纹理线绘制于泥炭土基质包上。如图5-1、图5-2所示。

（2）种植

立体花坛种植一般选用观叶类植物，常用的有四季秋海棠、绿草、红龙草、芙蓉菊、银香菊、金叶佛甲草、中华景天、玉龙草、欧石竹等，一般选用穴盘苗或筛盘苗种植。种植时，用剪刀或其他利器在泥炭基质包上钻一个小孔，然后将植物带穴盘基质块插入孔中，插入时注意使根系舒展，然后增加少量基质填满缝隙，用手压实，种植时一般由上而下种植，种植应随塑料隔板纹理线走向种植植物，保证纹理线条流畅。种植后为防止植株弯曲，要及时进行修剪，保持外形整洁。如图5-3、图5-4所示。

图5-1　用不锈钢材料编制骨架

图5-2　泥炭基质包覆盖于骨架表面

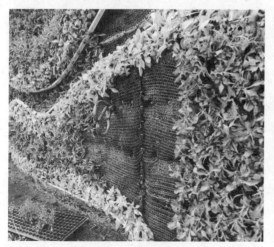

图5-3　穴盘苗植物栽种

图5-4　植物栽种

5.2.5　花坛的养护管理

花坛的艺术效果,取决于设计和种植,而花坛是否能保持花色鲜艳、花开繁茂、植株健壮,则取决于花坛的养护和管理。

(1)栽植、更换和补种

为保持花坛良好的观赏效果,花坛植物的养护尤为重要。平面花坛作为重点美化而布置的一二年生花卉,全年需进行多次更换,才可保持其鲜艳夺目的色彩。一般可以一年更换4次,结合节假日,可以在节日前两三天布置完工,保证节日期间具有最好的观赏效果,一般是1月1日前、5月1日前、8月1日前、10月1日前进行更换。种植花卉可以根据设计要求在圃地进行预先育苗,至含蕾待放时移栽花坛。一般花坛常用袋装苗或盆装苗,更换方便,成活率高,效果及时。

但是,若花坛是球根花卉花坛,因球根花卉不宜在成苗后移栽,故而一般在春秋季栽植,在幼苗期配置一二年生花卉,自然式的花坛可每隔2年挖掘球根分栽1次,规则式花坛可每年挖掘更新种植。

花坛植物若出现局部死亡和病虫害而缺苗,应及时补种,一般补种品种、色彩、规格都与原花坛一致的植株。

(2)浇水

浇水是花坛养护最重要的工作,浇水的时间、次数、水量根据气候条件和季节变化而灵活控制。由于花坛花卉植物多花叶娇嫩,故浇水时应注重合适的浇水时间、浇水量、水温、水流量等。

① 浇水时间:一般在清晨或傍晚,高温的夏季,一般一天浇水1~2次,最好在早上9:00前和下午17:00后各浇1次,若只浇1次,则选择傍晚时间较好,可以让浇水后的花卉在夜晚得到舒缓,切忌在气温正高、阳光直射的中午浇水。

② 浇水量:适度的浇水量尤其重要,一般见干见湿,浇透盆土即可,见土干再进行下一次浇水,不能让盆土长期太湿,高温湿润太久容易闷根死亡,冬季太湿容易烂根。

③ 水温:浇水的水温要适宜,春秋两季水温不能低于10℃,夏季浇水前要用手试水温,水温不能太烫,以免烧伤植株。

④ 水流量:花坛植物浇水要控制流量,不能太急、太大,避免冲刷土壤和冲倒植株。一般以喷头花洒轻柔喷洒植株为宜。

(3)施肥

通常在种植前,给花卉施底肥,花期短的花卉一般不再施肥;对于花期长,更换间期长的花坛,可追施水溶肥1~2次。追肥时,注意不污染叶片,施肥后及时浇水冲洗植株,同时便于植株对营养成分的吸收。

(4)修剪、整理和除草

花坛花卉要保持花容整洁,花色清新,就需要及时修剪。修剪枯枝黄叶,保持花坛洁净;拔除杂草,清理掉落花叶,可以有效防止病虫害滋生;修剪残花或结实花梗可以促进花卉二次开花,有效延长花期。模纹花坛、立体花坛需要经常修剪,才能保持清晰的图案与适宜的高度。

（5）病虫害防治

花坛植物，尤其是春天梅雨时节后要注意病虫害的防治，因为花坛植物娇嫩，所以在防治病虫害药物喷施时应配置比一般植物需求低一半浓度的药物进行喷施。

5.3 竹类建植技术

竹类植物由于其特殊的生物学特性——庞大复杂的根系、中空单薄的茎秆、小而薄质的叶片，导致其园林绿化种植具有区别于其他园林植物的特殊性。

5.3.1 整地

根据园林设计堆土造型，使地形高低错落，利于排水。竹类植物种植深度根据竹的大小，中小径竹50cm，大径竹如毛竹等要求80～100cm。土质要求疏松、肥沃、湿润和排水透气的砂质土壤，微酸性或中性土壤，若土壤黏度大、垃圾过多、盐碱过重，则采用增施有机肥、客土等方法改良土壤。在种植土下面，预先开设排水沟，而后铺施相应厚度的表土或混合微酸腐殖土壤，以改善土质。种植前全面耕翻土层30cm以上，清除土壤中的垃圾、石块、杂草、树根等杂物。整好地后，即可挖种植穴，种植穴的规格根据竹类品种、竹苗大小和工程要求而定。在园林绿化工程中，一般中小径竹苗每平方种植3～4株，株行距50～60cm，种植穴以比竹苗土球直径至少大5～8cm为宜，通常为40cm×40cm×30cm。种植穴上下边等宽，避免窝根。

5.3.2 植株选择

竹苗的选择首选考虑适地适树原则，选择适合当地的观赏竹类品种，再主要从苗龄、粗度、长势和土球大小等方面考虑。

① 苗龄：选择当年生至两年生苗龄较为合适，具有饱满鞭芽、健全根系的竹苗，种植成活率高。

② 粗度：小径竹类如紫竹、琴丝竹、斑竹等以秆径1～2cm为宜；中径竹类如早园竹以秆径2～3cm为宜；大径竹如毛竹以8cm左右为宜。

③ 长势：竹苗选择生长健壮、枝叶繁茂、长势旺盛、无病虫害和开花现象的苗圃竹为宜。

④ 土球大小：竹苗土球大小以25～30cm为宜，保证竹苗保水和具有一定的竹鞭。另外，中小径竹苗通常生长较密，可将几株为一丛挖掘种植，一般散生竹1～2株为一丛，混生竹2～4株为一丛，丛生竹3～5株为一丛。

5.3.3 栽种时间

因为竹类植物叶小而薄，竹茎中空，只有散生维管束，输导和储存水分、养分的能力都较弱，很容易失水，故而竹的栽种在秋季生理活动减慢以后到第二年新笋开始萌动前，一般秋季 10～11 月，翌年 2 月最为合适。现在苗圃也有容器栽种的竹类植物销售，容器竹苗种植四季可进行。

5.3.4 竹苗起挖、运输和种植

（1）竹苗挖掘

先在竹苗周围挖开土壤，判断竹鞭走向，按照来鞭短（30cm 左右）、去鞭长（40～50cm）的原则截断竹鞭。截断竹鞭时，要求截口平滑，不能摇动竹秆，以免破坏竹鞭。随后在竹鞭两侧逐渐深挖，挖出竹蔸并尽可能多留宿土，小型竹种靠近并生长在同一个鞭上的，可 3～5 株成丛挖取更为适宜。挖出竹苗后，在保证株形要求的前提下，适当修枝或剪去顶梢，以减少水分散失。用草绳或编制网布包紧竹蔸，以防土散伤根。

（2）竹苗运输

竹苗装运过程中应轻提轻放，竹竿之间及与车厢接触部位用软质物衬垫包裹。装卸车时，应搭滑板，依靠绳索、勾秆牵拉将竹苗顺板提上车厢或下滑至地面，以免弄碎土坨，伤根从而影响移栽成活率。搬运时，应着力于土坨，保持竹竿直立，切忌将竹竿放置肩上扛行，否则会导致土坨散落，鞭根、芽受伤。

（3）竹苗的栽植

竹子栽植随运随栽，宜深挖穴、浅栽竹、下堆紧土、上盖松土。入穴先将表土或有机肥与表土拌匀后垫于种植穴底部，一般 10cm 厚即可，堆成小土丘状。然后去除包裹物，将竹苗置入穴中，竹鞭水平、自然舒展，下部与土壤密接，然后先填表土，后填心土，去除石块、树根等杂物，用木棍或锄柄端将填入土壤分层捣实，使根系与土壤紧密相接，最终盖土略高，能遮盖竹苗土坨表面即可。种植完后浇足"定根水"，进一步使根土密接，待水全部渗入土中，再覆盖一层松土，并加盖一层稻草防止水分蒸发。如果竹苗高大，则需架设支架，防止风吹倒竹苗。

5.3.5 养护管理

（1）浇水

由于竹类植物鞭根吸水能力较弱，根系又不能积水，故而可在种植初期浇水采用喷雾和灌水相结合的方式补充水分，并适当增施生根剂，提高竹苗的成活率。

（2）施肥

竹子性喜肥，一般冬季施有机肥作基肥，可在竹苗周围挖 25cm 深度埋入有机肥，然后盖土，也可以对竹鞭较浅的竹苗采用撒施的方式。竹苗的生长季 3～8 月施氮磷钾（5∶1∶7）复合肥作追肥。

（3）修剪间伐

园林中竹类的生长在影响园路交通、建筑采光时需要修剪。修剪一般在新竹抽枝后、尚未展叶前（5 月中旬～6 月下旬）进行，贴秆基部切除。

竹苗隔一段时间需要更新复壮，去除老弱病残竹。一般毛竹采伐年龄按"存三去四不留七"的原则，刚竹、淡竹、茶秆竹等采伐竹龄在 3～4 年。散生竹和混生竹一般在 10 月～翌年 1 月进行间伐，丛生竹间伐最好在 1～3 月期间。出笋期不可砍竹、挖竹。

（4）病虫害防治

竹类常见病虫害有竹茎扁蚜、竹笋夜蛾、长足大竹象、竹丛枝病、煤污病等。一般在新叶和新笋期，用大水冲洗可防治蚜虫，也可以在春季梅雨时节后喷施药剂。做好抽稀和修剪也是防治病虫害的重要手段。

（5）其他管理

及时清除杂草，以免与竹形成营养竞争，定期查看防止踩踏，发现裸露竹鞭及时培土填盖，发现歪斜及时扶正并固定支架等。

5.4 大树建植技术

按园林绿化施工规范，胸径或地径 10～20cm 的树木称为大规格苗木。落叶乔木胸径大于 20cm，常绿树胸径或地径超过 15cm 称为大树。

5.4.1 大树移植季节

大树移植如果方法得当，则一年四季均可进行。但因树种和地域不同，最佳移植时间也有所差异。

① 春季移植：早春是一年四季中最佳移植时间，成活率最高。

② 夏季移植：在南方的梅雨期和北方的雨季进行移植，由于空气湿度较大，树木水分散失较少，有利于成活，适用于带土球针叶树的移植。

③ 秋冬季移植：树木虽处于休眠状态，但地下根系尚未完全停止活动，有利于损伤根系的愈合，成活率较高。

5.4.2 大树移栽的准备工作

（1）大树预掘

为了提高大树移栽成活率，可在移栽前采取一些措施，促进吸收根的生成。常用方法有多次移植法、预先断根法和根部环剥法。

① 多次移植法。此法适用于专门培养大树的苗圃中，速生树种的苗木可以在头几年每隔 1～2 年移植 1 次，待胸径达 6cm 以上时，可每隔 3～4 年再移植 1 次。慢生树胸径达 3cm 以上时，每隔 3～4 年移植 1 次，长到 6cm 以上时，隔 5～8 年移植 1 次，这样树苗经过多次移植，大部分的须根都聚生在一定的范围，因而移植时，可缩小土球的尺寸和减少对根部的损伤。

② 预先断根法（回根法）。起苗前先在根系周边挖半圆预断根是最常用的方法，适用于一些野生大树或具有较高观赏价值的树木（图 5-5）。

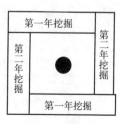

图 5-5　预先断根法

a. 断根时间：最适宜的时间一般常绿苗木为3月份长芽之前，落叶苗木为2月份苗木萌芽之前。断根培育时间根据品种不同一般在3～20个月间，最长不超过3年。

b. 断根范围与比例：一般按苗木直径的6～8倍范围断根，挖深15～20cm，断细根即可。另根据季节、苗木长势、土壤情况等进行适当调整。断根后应注意回填土、浇水，并及时搭支撑，防止被风吹倒。

③ 根部环剥法。不切断大根，采取环状剥皮的方法，剥皮宽度10～15cm，这样能促进须根的生长，这种方法由于大根未断，树身稳固，可不加支柱。

（2）大树移栽前修剪

为保证成活率，预先进行疏枝，剪去多余的枝条，摘去部分树叶，根据需要摘去顶芽（摘心）、摘去花果，并可对需要限制生长的枝干进行刻伤或环状剥皮，以利于开挖和起吊，并做树干伤口处理（涂白调和漆或石灰乳）。

（3）编号定向

为使施工有计划地顺利进行，把栽植坑及要移栽的大树均编上一一对应的号码，使其移植时可对号入坑，以减少现场混乱及事故。

（4）清理现场及安排运输路线

在起树前，把树干周围2～3m以内的碎石、瓦砾堆、灌木丛及其它障碍物清除干净，并将地面大致整平，为顺利移植大树创造条件。

（5）支柱、捆扎

为防止在挖掘时由于树身不稳，倒伏引起工伤事故及损坏苗木，在挖掘前对需移植的大树、支柱捆扎。

（6）工具材料的准备

包装不同，所需材料也不同。软材包装需准备大量草绳和蒲包。以土坑上口1.85cm见方、高80cm的土块大树为例，所需工具材料见表5-4。

表5-4　大树移植工具材料

名称	数量与规格	用途
木板大号	上板长2.0m，宽0.2m，厚3cm 底板长1.75m，宽0.3m，厚5cm 边板上缘长1.85m，下缘长1.75m，厚5cm 用3块带板（长50m，宽10～15cm）钉成高0.8m的木板，共4块	包装土球用
小号	上板长1.65m，宽0.2m，厚5cm 底板长1.45m，宽0.3m，厚5cm 边板上缘长1.5m，下缘长1.4m，厚5cm 用3块带板（长50m，宽10～15cm）钉成 高0.6m的木板，共4块	
方木	10cm×（10～15）cm×15cm，长1.5～2.0m，需8根	吊运做垫木
木墩	10个，直径0.25～0.30m，高0.3～0.35m	支撑箱底
垫板	8块，厚3cm，长0.2～0.25m，宽0.15～0.2m	支撑横木、垫木墩
支撑横木	4根，10cm×15cm方木，长1.0cm	支撑木箱侧面

续表

名称	数量与规格	用途
木杆	3 根，长度为树高	支撑树木
铁皮	约 50 根，厚 0.1cm，宽 3cm，长 50～80cm；每根打孔 10 个，孔距 5cm，加固木箱（铁腰子）5～10cm	钉钉用
铁钉	约 500 个，长 3～3.5	钉铁腰子
蒲包片	约 10 个	包四角、填充上下板
草袋片	约 10 个	包树干
扎把绳	约 10 根	捆木杆起吊牵引用
尖锹	3～4 把	挖沟用
平锹	2 把	削土台，掏底用
小板镐	2 把	掏底用
紧线器	2 个	收紧箱板用
钢丝绳	2 根，粗 1.2cm。每根长 10～12m 附卡子 4 个	捆木箱用
尖镐	2 把，一头尖、一头平	刨土用
斧子	2 把	钉铁皮，砍树根
小铁棍	2 根，直径 0.6～0.8cm、长 0.4m	拧紧线器用
冲子、剁子	各 1 把	剁铁皮，铁皮打孔用
鹰嘴钳子	1 把	卡子用
千斤顶	1 台，油压	上底板用
吊车	1 台，起质量视土台大小而定	装卸用
货车	1 台，车型、载质量视树大小而定	运输树木用
卷尺	1 把，3m 长	量土台用

5.4.3 大树移植方法与技术要点

大树移植为保护根系和土球的完整，常采用软包装移植法和木箱包装移植法。

（1）软包装移植法

软包装法适用于移植胸径为 15～25cm、土球直径不超过 1.3m 的大树。

1）土球的挖掘、修整及包装

① 挖掘。起苗要保证土球规格，土球大小的确定有以下两种方法可以参考。

a. 以树干为计算依据。落叶乔木以干为圆心，土球半径大小为胸径的 4～6 倍；常绿树，以干的周长为土球半径大小。

b. 以胸径及地径为计算依据。以苗木胸径为参照，土球直径应为苗木胸径的 7～10 倍。

对于较小或粗生易成活的苗木，可适当降低 10%～20%；对于大树或一些挖掘后较难成活的植物品种，其土球应增大 10%～20%。目前，实际工程项目中对苗木土球大小的规定已经形成一些规范，可供实际操作参考（表 5-5）。

表 5-5　土球规格　　　　　　　　　　　　　　　　　　　　　　　　单位：cm

苗木胸径	5～6	7～8	9～10	11～12	13～15	16～17	18～20	21～23	29～31	32～34	35～38
挖掘土球直径	50	60	70	80	90	100	110	120	150	180	200

挖掘前，先用草绳将树冠围拢，铲除树干周围的浮土，以树干为中心，比规定的土球大 3～5cm 画一个圆，并顺着此圆圈往外挖 60～80cm 沟，深度以到土球所要求的高度为止。如图 5-6 所示。

(a) 量取土球直径　　　　　　　(b) 开沟　　　　　　　(c) 土球深度

图 5-6　挖掘土球

② 修坨。修到土球 2/3 高度时，向里收至直径的 1/3；用铣将所留土坨修成上大下小呈苹果形的土球，表层土铲至见侧根细根，下部修一小平底。

③ 包装。包括缠腰绳、开沟底、打包、封底（图 5-7）。

(a) 缠腰绳　　　　　　　(b) 开沟底　　　　　　　(c) 打包

图 5-7　土球包装过程

a. 缠腰绳：宽度视土球土质而定，一般为 20cm 左右。
b. 开沟底：沿土球底部向内刨挖一圈底沟，宽度为 5～6cm。
c. 打包：用蒲包、蒲包片、麻袋片等包装物将土球包严，用草绳围接固定。
d. 打花箍：将双股草绳一头拴在树干上，然后将草绳绕过土球底部，顺序拉紧捆牢，草绳的间隔在 8～10cm，土质不好的，还可以密些。

e.封底：土球打好后，将树推倒，用蒲包将底堵严，用草绳捆好。

土球的大小及包装方法因地制宜，南方土质较黏重，可直接用草绳包装，常用橘子包、井字包、五角包等方法（图 5-8）。

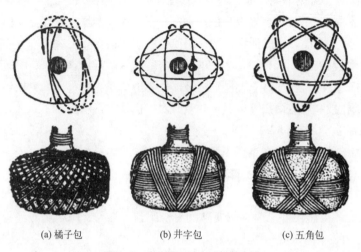

(a) 橘子包　　　　(b) 井字包　　　　(c) 五角包

图 5-8　常用的三种土球包装方法

2）吊装、运输、卸车要求（图 5-9）

① 准备工作：备好吊车、货运汽车。准备粗绳、隔垫用木板、蒲包、草袋及拢冠用草绳。

(a) 在起吊处捆扎草绳护板　　(b) 吊装　　(c) 装车

(d) 在树干下垫草绳或蒲包等　　(e) 拢冠捆绑　　(f) 若为丛生株，则两侧均垫护板

图 5-9　乔木的吊装过程

② 吊装前，用粗绳捆在土球腰下部（约 2/5 处）并垫以木板，再挂以脖绳控制树干。

③ 装车时注意：落叶乔木在装车前应进行粗略修剪，以便于运输和减少树木水分的蒸腾。乔木装车时，应排列整齐，土球朝前，树梢向后斜放，顺卧在车厢内；将土球垫稳并用粗绳将土球与车身捆牢，防止土球晃动。

④ 树冠较大时，可用细绳拢冠，绳下塞垫蒲包、草袋等物，防止磨伤枝叶。

⑤ 运输苗木应有专人负责，特别注意保护主干式树木的顶枝不遭受损伤，经常向树冠部浇水，以免失水过多而影响成活率，选择阴凉处停车休息。

⑥ 卸车时要爱护苗木，轻拿轻放；卸下苗木后在主干近地端 1/3 处用梯形架垫起。架子高度一般在 1m 左右，注意架子与主干接触部位要垫草绳、麻布，以免损伤树皮；卸苗后必须检查并记录树枝和泥球损伤等情况，并及时对损伤处进行修补。

3）栽植技术

按照定植施工的工序依次包括以下几项。

① 挖穴。树坑的规格应大于土球的规格，一般坑径大于土球直径 40cm，坑深大于土球高度 20cm。

② 施底肥。需要施用底肥时，将腐熟的有机肥与土拌匀，施入坑底和土球周围，再铺设 20cm 配制好的疏松肥沃的种植土。

③ 入穴。入穴时，应按原生长时的南北向就位，树木应保持直立，土球顶面与地面平齐。

④ 拆包。带土垛苗木剪断草绳（若为麻绳必须取出），取出蒲包或麻袋片。

⑤ 摆正培土。由吊车拉住树干处的吊带，将树缓慢提起，并摆正后回填种植土并捣实。如土球松散，应边填土边浇水，俗称"灌浆法"种植。

⑥ 立支柱。树木直立平稳后，立即进行支撑。架立支柱的方式包括单支柱、门字形支柱、人字形支柱、三角形支柱、四支柱式、井字形支柱。

⑦ 筑堰浇水。在坑外缘取细土筑一圈高 30cm 灌水堰，大树栽后应及时灌水，第一次灌水量不宜过大，主要起沉实土壤的作用，第二次水量要足，第三次灌水后封堰。

（2）带土方箱移植法

带土方箱移植法适用于胸径 15～30cm 的大树，可以保证吊装运输的安全而不散坨。它适用于雪松、华山松、白皮松、桧柏、龙柏、云杉、铅笔柏等常绿树。

带土方箱移植法一年四季均可进行，关键技术是挖土台。土台上边长一般为树木胸径的 7～10 倍（详见表 5-6），呈上宽下窄梯形，然后立即依次立边板、掏底与上底板、上盖板，完成带土方箱移植。

表 5-6　土台规格

树木胸径 /cm	15～18	18～24	25～27	28～30
带土方箱规格 /m（上边长 × 高）	约 1.5×0.6	约 1.8×0.7	约 2.0×2.7	约 2.2×0.8

木箱包装因其质量较大（单株质量在 2t 以上），必须使用起重机吊装或汽车吊装，用大型货车运输。

种植时坑（穴）亦应挖成方形，且每边应比木箱宽出 0.5m，深度大于木箱高 0.15～0.20m。先拆除中心底板，木箱入坑后拆除两侧底板，稳定后拆除上板和覆盖物，种植稳定后，可筑双层灌水堰。

5.5　反季节栽植技术

按植物生存生长规律出发，正常施工季节是 3 月中旬～5 月初，10 月中旬～11 月下旬；此时间外，植物生长旺盛的夏季、冬季的极端低温与根系休眠缺乏再生能力都造成移植成活比较困难，属于反季节施工。为解决非正常季节绿化施工中遇到的难点，主要从种植材料的选择、种植土壤的处理、苗木的运输和假植、种植前的修剪、种植及种植后的管理和养护等方面严格把关，从而尽可能提高种植成活率。

① 在选材上要尽可能地挑选长势旺盛、植株健壮、无病虫害的苗，大苗应尽量选择栽过的、假植的、土球大的苗木，以容器苗为最好；草块土层厚度宜为 3～5cm，草卷土层厚度宜为 1～3cm。

② 非正常季节的苗木种植土必须保证足够的厚度，保证土质肥沃疏松，透气性和排水性好。

③ 针对大规格常绿乔木，如 6～7m 雪松、5～6m 油松等，采用以下特殊措施。

a. 夏季高温，容易失水，苗木进场时间以早、晚为主，栽植以雨天为好。

b. 施生根粉。

c. 搭建遮阳棚并进行树冠喷雾。

d. 种植后马上挂活力素。

e. 施工后，在土坨周围用硬器打洞，洞深为土坨的 1/3，施后灌水。

④ 苗木在装车前，先用草绳、麻布或草包将树干、树枝包好，同时对树身进行喷水；苗木到场后及时栽植。

⑤ 栽植前应当进行修剪整形，减少叶面呼吸和蒸腾作用。落叶乔木对苗木应进行强修剪，剪除部分侧枝，疏剪或短截保留的侧枝，摘去部分叶片。

5.6　园林植物栽植实例

项目名称：2022 年第二十九届广州园林博览会东莞展园。
施工单位：广东百林园林股份有限公司。
设计主题：双万城市，律动湾区。

5.6.1　方案设计平面图

该项目的方案设计平面图见图 5-10 所示。

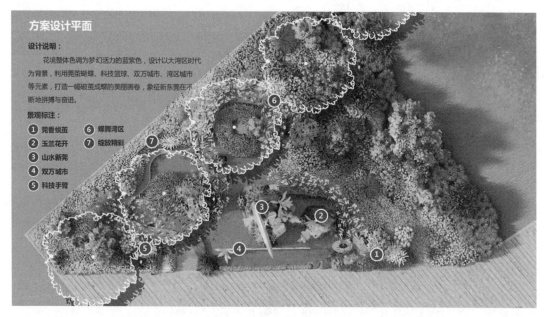

图 5-10　东莞园方案设计图

5.6.2　现场施工照片

具体见图 5-11 所示。

5.6.3　现场竣工效果图

具体见图 5-12 所示。

图 5-11　东莞园现场施工照片

图 5-12　东莞园现场竣工效果图

模块 6
职业技能知识题库

6.1 园林植物识别与应用能力训练习题（理论知识部分）

班级：　　　　　姓名：　　　　　成绩：

一、单项选择题（每小题 2 分，共 30 分）

	得分	阅卷人	审核人

题号	1	2	3	4	5	6	7	8	9	10
答案	B	B	C	A	C	D	A	D	A	B
题号	11	12	13	14	15					
答案	A	C	D	A	B					

1. 属于玉兰的生态习性的是（　　）。
　A. 喜光、喜湿润、较耐寒　　　　　　　B. 喜光、喜干燥、较耐寒
　C. 喜阴、喜湿润、较耐寒　　　　　　　D. 喜阴、喜干燥、不耐寒
2. 落羽杉与水杉树形相似，小叶相似，区别在于（　　）。
　A. 落羽杉为常绿树种，水杉为落叶树种
　B. 落羽杉为落叶树种，水杉为常绿树种
　C. 落羽杉小枝、叶对生，水杉小枝、叶互生
　D. 落羽杉小枝、叶互生，水杉小枝、叶对生
3. 闽楠属于（　　）。
　A. 豆科　　　　　　B. 蔷薇科　　　　　　C. 樟科　　　　　　D. 松科
4. （　　）为浅根性树种，其抗风力不强。

A. 雪松　　　　　　B. 石榴　　　　　　C. 樟树　　　　　　D. 南方红豆杉

5. (　　) 秋叶黄色。
A. 乌桕　　　　　　B. 樟树　　　　　　C. 银杏　　　　　　D. 雪松

6. 桂花是园林中常用的绿化树种，树形优美，花小，浓香，花期(　　)。
A. 3～4月　　　　 B. 5～6月　　　　 C. 5～8月　　　　 D. 9～10月

7. 樟树，常绿乔木，叶卵形，浆果球形，喜光，喜温暖湿润气候，常用作(　　)。
A. 行道树　　　　　B. 绿篱　　　　　　C. 地被　　　　　　D. 垂直绿化

8. 石榴，落叶灌木或小乔木，花果(　　)。
A. 白色　　　　　　B. 紫色　　　　　　C. 黄色　　　　　　D. 红色

9. 南天竹(　　)顶生，小花白色。
A. 圆锥花序　　　　B. 总状花序　　　　C. 聚伞花序　　　　D. 头状花序

10. 南迎春，花黄色、鲜艳，花冠(　　)，三出复叶。
A. 十字形　　　　　B. 高脚碟形　　　　C. 唇形　　　　　　D. 坛形

11. 叶是植物的(　　)器官，主要进行光合作用和蒸腾作用。
A. 营养　　　　　　B. 呼吸　　　　　　C. 繁殖　　　　　　D. 分生

12. 银杏为落叶大乔木，叶(　　)，秋叶鲜黄色。
A. 菱形　　　　　　B. 匙形　　　　　　C. 扇形　　　　　　D. 卵形

13. 洒金桃叶珊瑚是(　　)常绿灌木。
A. 虎耳草科　　　　B. 夹竹桃科　　　　C. 蔷薇科　　　　　D. 山茱萸科

14. 常春藤(　　)单叶互生，四季常青，是很好的观叶植物。
A. 掌状　　　　　　B. 圆形　　　　　　C. 戟形　　　　　　D. 披针形

15. 日本晚樱树皮呈银灰色，有(　　)皮孔，花重瓣、粉红色，有香气。
A. 圆形　　　　　　B. 唇形　　　　　　C. 菱形　　　　　　D. 不规则

二、多项选择题（每小题2分，共20分）

题号	1	2	3	4	5	6	7	8	9	10
答案	ABD	CD	BE	CE	ABCE	ACD	AB	ABCE	BCDE	DE

1. 属于单叶形态的是(　　)。
A. 菱形　　　　　　B. 心形　　　　　　C. 二回羽状　　　　D. 披针形　　　　　E. 三出复叶

2. 哪些植物为木兰科植物(　　)。
A. 香樟　　　　　　B. 红花檵木　　　　C. 荷花玉兰　　　　D. 鹅掌楸　　　　　E. 日本晚樱

3. 属于乔木的园林应用方式的是(　　)。
A. 地被　　　　　　B. 行道树　　　　　C. 绿篱　　　　　　D. 花境　　　　　　E. 庭院树

4. 可以用作绿篱的植物是(　　)。
A. 二球悬铃木　　　B. 荷花玉兰　　　　C. 金叶女贞　　　　D. 紫薇　　　　　　E. 瓜子黄杨

5.属于落叶乔木的是（　　）。
　　A.乌桕　　　B.鹅掌楸　　　C.玉兰　　　D.侧柏　　　E.榆树
6.属于常绿灌木的是（　　）。
　　A.八角金盘　B.南方红豆杉　C.瓜子冬青　D.朱槿　　　E.棣棠
7.属于花灌木的是（　　）。
　　A.杜鹃　　　B.朱槿　　　C.龟甲冬青　D.雀舌黄杨　E.枸骨
8.喜温暖湿润气候的植物是（　　）。
　　A.樟树　　　B.苏铁　　　C.南方红豆杉　D.雪松　　　E.木芙蓉
9.不属于落叶藤本的是（　　）。
　　A.爬山虎　　B.南迎春　　　C.绣球　　　D.扶芳藤　　E.海桐
10.不属于常绿灌木的是（　　）。
　　A.枸骨　　　B.南天竹　　　C.山茶　　　D.复羽叶栾树　E.梧桐

三、判断题（每小题2分，共30分）

得分	阅卷人	审核人

题号	1	2	3	4	5	6	7	8	9	10
答案	√	×	√	×	×	×	×	√	√	√
题号	11	12	13	14	15					
答案	×	√	√	×	√					

注：对打"√"、错打"×"。

（　）1.植物的拉丁学名是国际通用的名称。
（　）2.杜鹃花是常见的碱性土指示植物。
（　）3.荷花玉兰的花大、白色、芳香，是常见的行道树、庭院树。
（　）4.雪松，常绿乔木，树冠塔形，深根性，抗风能力强。
（　）5.苏铁，二回羽状复叶，小叶条形，厚革质。
（　）6.睡莲，多年生沉水草本，叶纸质，心状卵形或卵状椭圆形，基部具深弯缺，花单生，浮于水面，花冠莲座形，白色。
（　）7.月季，不喜阳光直射、空气流通、排水性较好而避风的环境，盛夏需适当遮阴，对土壤要求不严。
（　）8.木槿，喜酸性土壤、凉爽、湿润、通风的半阴环境，常用来作花篱。
（　）9.蜡梅，落叶灌木，先花后叶，叶对生，叶背脉有疏微毛（糙手）；花芳香，黄色，带蜡质。
（　）10.扶芳藤，喜温暖湿润气候，耐寒耐阴，不喜阳光直射。常用作垂直绿化。
（　）11.南天竹秋天叶子变红，是良好的观色叶类大乔木。
（　）12.肉果是单果的一种，主要有浆果、柑果、瓠果、梨果等。

（　　）13. 植物分类的基本等级（阶层）是界、门、纲、目、科、属、种。其中最常用者是科、属、种。

（　　）14. 竹柏是强阳性树种，它适于孤植在空旷大坪之中央。

（　　）15. 花的形态通常指的是花冠的形态，有十字形、漏斗形、钟形、坛形、高脚碟形、管状、唇形、舌状等。

四、简答题（每小题10分，共20分）

题号	1	2	得分	阅卷人	审核人
小题得分					

1. 列举十种园林绿化常用的行道树。

答：樟树、荷花玉兰、鹅掌楸、银杏、二球悬铃木、合欢、紫薇、水杉、棕榈、复羽叶栾树。

2. 列举十种园林绿化常用的花灌木。

答：杜鹃、山茶、木槿、月季、含笑、棣棠、朱槿、红花檵木、丝兰、栀子。

6.2 园林植物识别与应用能力训练习题（实际操作部分）

一、任务描述

请考生在规定的时间内能正确识别出当地常见的20种园林植物，并写出其主要观赏特征和园林用途。

二、实施条件

序号	类别	名称	规格	数量	备注
1	材料	乌桕、荷花玉兰、红叶石楠、罗汉松、竹柏、水杉、珊瑚树、南方红豆杉、山茶、枸骨、火棘、木芙蓉、红枫、海桐、八角金盘、南迎春、洒金桃叶珊瑚、月季、金叶女贞、常春藤	盆栽或枝条	每种植物一株	
2	用具	扩大镜	5～10倍	30个	必备
		记录板		30块	必备
3	耗材	笔	圆珠笔	30支	必备
		纸	16K	30张	必备
4	测评专家	每10名考生配备1名考评员。考评员要求具备至少3年以上从事园林植物栽培与养护的工作经历			

三、考核时量

考试时间为90min。

四、评分标准

评价项目	配分	考核内容及要求	评分细则
职业素养与操作规范（20分）	5	遵守考场纪律与否	不按要求的扣1～5分
	5	着装不符合要求	不按要求的扣1～5分
	5	损坏标本、用具	不按要求的扣1～5分
	5	对现场未进行清扫、标本未及时整理归位	不按要求的扣1～5分
操作过程与结果（或完成效果）（80分）	植物名称 20	识别乌桕等20种园林植物的中文学名	每错1种扣1分
	观赏特征 30	写出乌桕等20种园林植物的主要观赏特征	每错1种扣1.5分
	园林用途 30	写出乌桕等20种园林植物在园林中的主要用途	每错1种扣1.5分
否定项	若考生因操作不规范，引发安全事故，则应及时终止其考核，考核成绩记为零		

五、考核识别植物

序号	植物名称	科名	观赏特性及园林用途
1	乌桕	大戟科	观色叶；庭院树
2	荷花玉兰	木兰科	观花、观树形；庭荫树，行道树
3	红叶石楠	蔷薇科	新叶红色；绿篱
4	罗汉松	罗汉松科	观树形，观叶、观果；庭院树；对植，丛植
5	竹柏	罗汉松科	观树形、观叶；庭院树
6	水杉	杉科	观树形；列植、丛植；行道树
7	珊瑚树	忍冬科	观果；园景树、树篱；列植、孤植
8	南方红豆杉	红豆杉科	观树形、观种子；庭院树
9	山茶	山茶科	观花；盆栽、花境
10	枸骨	冬青科	观叶形、观果；丛植，盆栽，造型
11	火棘	蔷薇科	观花、观果；造型、丛植
12	木芙蓉	锦葵科	观花；丛植、列植
13	红枫	槭树科	观叶、观果、观树形；庭院树，盆栽
14	海桐	海桐花科	观花、观果；绿篱，造型
15	八角金盘	五加科	观叶形；绿篱
16	南迎春	木樨科	观花；丛植、垂直绿化
17	洒金桃叶珊瑚	忍冬科	观叶色；绿篱
18	月季	蔷薇科	观花；丛植、盆栽
19	金叶女贞	木犀科	观新叶；绿篱
20	常春藤	五加科	观叶形；垂直绿化、盆栽

6.3 园林绿化施工图制图与识图能力训练习题(理论知识部分)

班级：　　　　姓名：　　　　成绩：

一、单项选择题（每小题 2 分，共 30 分）

得分	阅卷人	审核人

题号	1	2	3	4	5	6	7	8	9	10
答案	D	C	D	A	B	D	A	B	C	B
题号	11	12	13	14	15					
答案	A	A	A	B	B					

1. 工程图中的汉字应采用的字体是（　　）。
  A. 碑体　　　　　B. 黑体　　　　　C. 宋体　　　　　D. 长仿宋体
2. A2 图纸幅面大小是（　　）mm。
  A. 841×1189　　B. 210×297　　C. 420×594　　D. 297×420
3. 必要时可以加长图纸的幅面，图纸的加长量为原图纸长边的（　　）。
  A. 1/2　　　　　B. 1/3　　　　　C. 1/4　　　　　D. 1/8
4. 标题栏用来简要说明图纸的内容，必须画在每张图纸的（　　）。
  A. 右下角　　　　B. 右上角　　　　C. 左上角　　　　D. 左下角
5. 可见轮廓线使用的线粗和线型是（　　）。
  A. 粗实线　　　　B. 中实线　　　　C. 细实线　　　　D. 中虚线
6. 拉丁字母及数字若写成斜体字，斜体的倾斜度应是对底线逆时针旋转（　　）。
  A. 60°　　　　　B. 70°　　　　　C. 85°　　　　　D. 75°
7. 建筑工程图上标注的尺寸数字，除标高及总平面图以米为单位外，其余都以（　　）为单位。因此，建筑工程图上的尺寸数字无需注写单位。
  A. 毫米　　　　　B. 厘米　　　　　C. 分米　　　　　D. 平方米
8. 尺寸数字应尽量注写在尺寸线的上方中部，离尺寸线应不大于（　　）mm。
  A. 3　　　　　　B. 1　　　　　　C. 2　　　　　　D. 4
9. （　　）主要表现植株个体的特点，突出树木的个体美，如奇特的姿态、丰富的线条、浓艳的花朵、硕大的果实等。
  A. 丛植　　　　　B. 对植　　　　　C. 孤植　　　　　D. 群植
10. 下列叙述正确的是（　　）。
  A. 1∶2 是放大比例　　　　　　　B. 1∶2 是缩小比例

C．1∶2 是优先选用比例　　　　　　　　D．1∶2 是原值比例

11．两段点画线相交处应是（　　）。
A．线段交点　　　B．间隙交点　　　C．空白点　　　D．任意点

12．线性尺寸数字一般注在尺寸线的（　　），同一张图样上尽可能采用一种数字注写方法。
A．上方或中断处　　　B．下方或中断处　　　C．左方或中断处　　　D．右方或中断处

13．对圆弧标注半径尺寸时，（　　）应由圆心引出，尺寸箭头指到圆弧上。
A．尺寸线　　　B．尺寸界限　　　C．尺寸数字　　　D．尺寸箭头

14．标注角度尺寸时，尺寸数字一律水平写，尺寸界线沿径向引出，（　　）画成弧，圆心是角的顶点。
A．尺寸线　　　B．尺寸界线　　　C．尺寸线及其终端　　　D．尺寸数字

15．图样中所注的尺寸，为该图样所示物体的（　　），否则应另加说明。
A．留有加工余量尺寸　　　　　　　　B．最后完工尺寸
C．加工参考尺寸　　　　　　　　　　D．有关测量尺寸

二、多项选择题（每小题 2 分，共 20 分）

得分	阅卷人	审核人

题号	1	2	3	4	5	6	7	8	9	10
答案	ABD	ABCDE	ABD	ABCD	ABCDE	ABCD	ABCDE	AB	ABCDE	ABCDE

1．粗实线主要用于绘制（　　）。
A．主要可见轮廓线　　　　　　　　B．剖切符号
C．可见轮廓线　　　　　　　　　　D．被剖切轮廓线
E．尺寸线

2．（　　）是正确的。
A．同一张图纸中，各相同比例的图样应选用相同的线宽组
B．两平行线的最小间距，不宜小于图中粗线的宽度，且不宜小于 0.7mm
C．同一张图纸中，虚线、点画线和双点画线的线段长度及间隔大小应各自相等
D．虚线与虚线或虚线与其他图线相交时，应交于线段处。虚线是实线的延长线时，应留空隙，不得与实线相接
E．点画线或双点画线，当在较小图形中绘制有困难时，可用实线代替

3．当拉丁字母单独作代号或符号时，不使用（　　）三个字母，以免同阿拉伯数字的 1，0，2 相混淆。
A．I　　　B．O　　　C．U　　　D．Z　　　E．H

4．图样上标注的尺寸由（　　）等组成，称为尺寸的四要素。
A．尺寸线　　　　　　　　　　　　B．尺寸界线
C．尺寸起止符号　　　　　　　　　D．尺寸数字
E．文字

5. 关于尺寸线下列正确的是（　　）。
A. 尺寸线采用细实线
B. 尺寸线不宜超出尺寸界线
C. 中心线、尺寸界线及其他任何图线都不得用作尺寸线
D. 线性尺寸的尺寸线必须与被标注的长度方向平行
E. 尺寸线与被标注的轮廓线的间隔，以及互相平行的两尺寸线的间隔一般为 6～10mm

6. 植物种植设计遵循艺术构图的基本原则是（　　）。
A. 对比与和谐原则　　　　　　　　B. 均衡与稳重原则
C. 韵律与节奏原则　　　　　　　　D. 比例与尺度原则
E. 生态与经济原则

7. 树木种植设计，是指对各种树木（包括乔木、灌木及木质藤本植物等）景观设计，具体按景观形态与组合方式分为（　　）。
A. 孤植　　　B. 对植　　　C. 列植　　　D. 丛植　　　E. 群植

8. 种植设计平面图有（　　）两种形式。
A. 自然式种植设计图　　　　　　　B. 规则式种植设计图
C. 苗木统计表　　　　　　　　　　D. 设计说明
E. 植物图例

9. 编制苗木统计表可以了解植物（　　）等方面的信息。
A. 树种名称　　B. 拉丁文名称　　C. 数量　　D. 规格　　E. 出圃年龄

10. 适合作孤植树的有（　　）。
A. 银杏　　　B. 槐树　　　C. 榕树　　　D. 香樟　　　E. 悬铃木

三、判断题（每小题 2 分，共 30 分）

得分	阅卷人	审核人

题号	1	2	3	4	5	6	7	8	9	10
答案	×	√	×	√	√	×	√	√	×	√
题号	11	12	13	14	15					
答案	√	×	√		×					

注：对打"√"、错打"×"。

（　　）1. 必要时可以加长图纸的幅面，在加长时只能加长短边，长边不能加长。

（　　）2. 国家标准规定一项工程中，每个专业所用的图纸，不宜多于两种图纸幅面，但图纸目录表格所用的 A4 幅面不在此限。

（　　）3. 当一张图纸中的各图只用一种比例时，也不可把该比例单独书写在图纸标题栏内。

（　　）4. 在灌木的平面图中表示片植灌木，先用粗实线绘出树木边缘之轮廓线，再用细实线与黑点表示个体树木位置。

（　　）5. 孤植树主要表现植株个体的特点，突出树木的个体美，如奇特的姿态、丰富的线条、浓艳的花朵、硕大的果实等。

（　　）6. 孤植是指用两株或两丛相同或相似的树，按照一定的轴线关系，作相互对称或均衡的种植方式，主要用于强调公园、建筑、道路、广场的出入口，同时起到庇荫和装饰美化的作用，在构图上形成配景和夹景。

（　　）7. 树群内，树木的组合必须很好地结合生态条件。

（　　）8. 园林植物种植设计图是表示植物种植位置、种类、数量、规格及种植类型的平面图，是组织种植施工和养护管理、编制预算的重要依据。

（　　）9. 规则式植物种植设计图，宜用与设计总平面、竖向设计图同样大小的坐标网确定种植位置，自然式种植设计图，宜相对某一原有地上物，用标注行距的方法，确定种植位置。

（　　）10. 识读标题栏、比例、风向玫瑰图或指北针可以明确工程名称、所处方位和当地的主导风向。

（　　）11. 规则式种植设计图中，对同一种树种在可能的情况下尽量以粗实线连接起来，并用索引符号逐树种编号，索引符号用细实线绘制，圆圈的上半部注写植物编号，下半部注写数量，尽量排列整齐，使图面清晰。

（　　）12. 植物种植除种植成本以外不需要考虑栽植以后的养护费用。

（　　）13. 在平面图中的草地用小圆点表示，小圆点应疏密有致，而且凡在草坪边缘、树冠边缘或建筑物边缘圆点应密些，空旷处应稀些，以增加平面空间层次感。

（　　）14. 乔木的平面画法并无严格的规范，实际工作中根据构图需要，可以创作出许多画法。

（　　）15. 标注圆弧的弧长时，其尺寸线应是该弧的同心圆弧，尺寸界线则平行于该圆弧的弦。

四、简答题（每小题10分，共20分）

题号	1	2	得分	阅卷人	审核人
小题得分					

1. 简述植物种植设计遵循的基本原则。

答：① 遵循艺术构图的基本原则；

② 符合园林绿化的性质和功能要求；

③ 符合园林总体规则形式；

④ 四季景色的变化；

⑤ 充分发挥园林植物的观赏特征；

⑥ 满足园林植物的生态要求；

⑦ 合理种植密度和搭配；

⑧ 经济原则。

2. 简述识读种植设计的步骤、目的和内容。

答：阅读植物种植设计图以了解工程设计意图、绿化目的及所达到效果，明确种植要求，以便组织施工和作出工程预算，阅读步骤如下。

① 看标题栏、比例、风向玫瑰图或指北针，明确工程名称、所处方位和当地的主导风向。

② 看图中索引编号和苗木统计表，据图示植物编号，对照苗木统计表及技术说明，了解植物种植的种类、数量、苗木规格和配置方式。

③ 看植物种植定位尺寸，明确植物种植的位置及定点放线的基准。

④ 看种植详图，明确具体种植要求，组织种植施工。

6.4 园林绿化施工图制图与识图能力训练习题（实际操作部分）

试题名称：园林绿化植物种植设计（绿化施工图）

一、任务描述

提供一张植物设计规划平面尺寸图，按照要求进行植物种植设计，完成园林绿化施工图设计。操作要求：根据所提供的植物设计平面尺寸图进行；制图规范，符合制图的基本要求；绘图工具使用熟练，图面效果清晰流畅美观；考核之前请准备好绘图工具，考核结束后，清理现场。

二、实施条件

序号	类别	名称	规格	数量	备注
1	材料	植物设计规划平面尺寸图	A3	30张	必备
2	用具	绘图板、比例尺、三角板等		30块	必备
3	耗材	铅笔	HB、2B	各30支	必备
		绘图纸	A3	30张	必备
4	测评专家	每10名考生配备1名考评员。考评员要求具备至少5年以上园林企业从事园林植物施工图设计工作经历			

三、考核时量

考试时间为90min。

四、评分标准

评分项目	评分要素	配分	考核内容与要求	评分细则
工具使用	绘图工具的选择和使用	20	根据图面绘制的实际情况合理选用制图工具并能熟练使用	不按要求的每项扣1～5分

续表

评分项目	评分要素	配分	考核内容与要求	评分细则
绘制作品	作品内容	25	按照提供图纸的内容完成情况，包括指北针、比例尺、图名、尺寸及文字说明等完整	不按要求的每项扣1～5分
	作品质量	35	根据制图的标准和规范，图纸完成的质量，图纸幅面标准，图框、标题栏绘制符合要求。比例选择、尺寸标注正确，文字书写工整。图面清晰美观，图例表达规范	不按要求的每项扣1～5分
绘制后整理	场地整理	20	绘图桌面、图纸及工具的清理	不按要求的每项扣1～5分
否定项	若考生因操作不规范，引发安全事故，则应及时终止其考核，考核成绩记为零			

6.5 园林绿化工程施工技术训练习题（理论知识部分）

班级：　　　　姓名：　　　　成绩：

一、单项选择题（每小题2分，共30分）

								得分	阅卷人	审核人
题号	1	2	3	4	5	6	7	8	9	10
答案	D	C	C	B	D	A	A	B	B	B
题号	11	12	13	14	15					
答案	C	C	C	A	C					

1. 人力土方挖掘的工作面为（　　）m^2/人。
A. 1～2　　　　B. 2～3　　　　C. 3～4　　　　D. 4～6

2. 土方应分层填土，每层土方厚度一般为（　　）cm。
A. 10～15　　　B. 15～20　　　C. 20～50　　　D. 50～100

3. 土方的施工标高为（　　）。
A. 填方为"＋"　　　　　　　　B. 挖方为"－"
C. 原地形标高－设计标高　　　D. 设计标高

4. 园林给水网的布置形式中，（　　）形式所用管道的总长度较长，耗用管材较多，建设费用稍高，但管网的使用很方便，主干管上某一点出故障时，其他管段仍能通水。
A. 树枝式管网　　B. 环形管网　　C. 扇形管网　　D. 分区式管网

5. 园林绿化工程中种植一株高3m、土球直径90cm的常绿乔木时，应挖掘（　　）直径大的种植穴。
A. 90cm　　　　B. 100cm　　　C. 110cm　　　D. 120cm

6. 一年中，最适宜大树移栽的最佳时间在（　　）。
A. 早春　　　　B. 夏季　　　　C. 晚秋　　　　D. 早冬

7. 要移栽一株胸径为13cm的香樟，挖掘土球直径应为（　　）。
　A. 90cm　　　　B. 100cm　　　　C. 110cm　　　　D. 120cm
8. 绿篱的种植沟，沟深一般在（　　），视苗木的大小而定。
　A. 10～20cm　　B. 20～40cm　　C. 50～60cm　　D. 70～80cm
9. 草坪的排水坡度一般为（　　）。
　A. 0.3%～0.5%　B. 0.5%～0.7%　C. 0.7%～1%　　D. 1%～2%
10. 草皮铺植方法中，密铺法是指草皮铺植间距为（　　）的铺植方法。
　A. 0　　　　　　B. 1～2cm　　　C. 3～6cm　　　D. 20～40cm
11. 草皮的种植方式中，（　　）成效最快，覆盖率高，且四季都能进行。
　A. 播种法　　　　　　　　　　　B. 铺植植生带法
　C. 铺植草皮法　　　　　　　　　D. 铺植草坪草营养体法
12. 树木胸径超过15～30cm，植物为松柏类的大树，一般采用的移植方法是（　　）。
　A. 软材料包装法移植　　　　　　B. 薄包片材料包装移植
　C. 木箱包装移植　　　　　　　　D. 草绳包装移植
13. 按园林绿化施工规范，落叶乔木胸径大于____cm，常绿乔木胸径超过____cm称为大树。填入画线部分正确的是（　　）。
　A. 10，15　　　B. 15，15　　　C. 20，15　　　D. 20，20
14. 大树移栽筑堰浇水的灌水堰高约为（　　）。
　A. 10cm　　　　B. 20cm　　　　C. 30cm　　　　D. 50cm
15. 硬箱包装法移栽大树，土台挖掘呈（　　）形状。
　A. 上宽下窄梯形　B. 上窄上宽梯形　C. 正方形　　　D. 苹果形

二、多项选择题（每小题2分，共20分）

			得分	阅卷人	审核人

题号	1	2	3	4	5	6	7	8	9	10
答案	ABCD	ABCD	ABC	ABCD	AB	ABCDE	AC	ABCD	ABCD	ABCDE

1. 土方施工主要包括（　　）等环节。
　A. 土方开挖　　B. 土方运输　　C. 土方填筑　　D. 土方压实　　E. 土方工艺
2. 土方压实应注意（　　）。
　A. 压实必须分层进行
　B. 压实要注意均匀
　C. 压实松土时夯压工具应先轻后重
　D. 压实应自边缘开始逐渐向中间收拢，否则边缘土方外挤易引起塌落
3. 园林给水工程的水源有（　　）。
　A. 地表水　　　B. 地下水　　　C. 自来水　　　D. 潜水
4. 大树移栽时，土球的包装包括（　　）几个步骤。
　A. 缠腰绳　　　B. 开沟底　　　C. 打包　　　　D. 封底

5. 对香樟进行大树移植，常用的方法有（   ）。
   A. 软包装移植法   B. 硬木箱移植法   C. 裸根法   D. 冻土法
6. 针对大规格常绿乔木的反季节施工，采用以下（   ）等特殊措施可有效提高移栽成活率。
   A. 苗木进场时间以早、晚为主，栽植以雨天为好
   B. 施生根粉
   C. 搭建遮阳棚并进行树冠喷雾
   D. 种植后马上挂活力素
   E. 施工后，在土坨周围用硬器打洞，洞深为土坨 1/3，施后灌水
7. 在绿化施工现场，关于苗木种植顺序下列描述正确的是（   ）。
   A. 先乔木，再灌木，后地被   B. 先地被，后灌木，再乔木
   C. 先常绿乔木，后落叶乔木   D. 先落叶乔木，后常绿乔木
8. 绿化苗木运输到场后，关于散苗描述正确的是（   ）。
   A. 散苗人员要充分理解设计意图，对苗木规格作统筹调配
   B. 要爱护苗木，轻拿轻放，不得伤害苗木
   C. 在假植沟内取苗时应顺序进行，取后应随时用土埋严
   D. 作为行道树、绿篱的苗木应于栽植前量好高度，按高度分级排列，以保证邻近苗木规格基本一致
9. 为保证成活率，大树移栽前要进行一定程度的修剪，包括（   ）。
   A. 剪去多余的枝条，摘去部分树叶
   B. 根据需要摘去顶芽（摘心）
   C. 摘去花果
   D. 对需要限制生长的枝干进行刻伤或环状剥皮
10. 大树运输需要准备的材料有（   ）。
    A. 吊车、货运汽车   B. 粗绳
    C. 隔垫用木板   D. 蒲包、草袋
    E. 草绳

三、判断题（每小题 2 分，共 30 分）

得分	阅卷人	审核人

题号	1	2	3	4	5	6	7	8	9	10
答案	×	√	√	×	×	×	√	√	√	×
题号	11	12	13	14	15
答案	×	√	√	×	√

注：对打"√"、错打"×"。

（   ）1. 地形竖向设计应少搞微地形，多搞大规模的挖湖堆山。

（　　）2. 土方调配中，当运距较大或不能平衡时，可就近借土或弃土。

（　　）3. 种植绿化树木挖穴时，挖出的表土与底土应分别堆放，待填土时将表土填入下部，底土填入上部和作围堰用。

（　　）4. 种植绿化树木时若土壤较贫瘠时，先在穴部施入有机肥料做基肥。将基肥与土壤混合后置于穴底，然后栽树于基肥上。

（　　）5. 预先断根法可有效促进大树移栽的成活率，断根培育时间越长越好。

（　　）6. 乔木装车时，应排列整齐，树梢朝前，土球向后斜放，顺卧在车厢内；将土球垫稳并用粗绳将土球与车身捆牢，防止土球晃动。

（　　）7. 常见的平面式色带拼图的地表形式有三种基本形式，分别是平面式、龟背式、坡式。

（　　）8. 灌木平面式色带拼图种植一般按"先中心后四周，先上后下"的顺序进行。

（　　）9. 平面花坛，不一定呈水平状，它的形状也可以随地形、位置、环境自由处理成各种简单的几何形状，并带有一定的排水坡度。

（　　）10. 模纹花坛种植一般按照图案花纹先外后里，先左后右，先栽主要纹样，逐次进行。

（　　）11. 按植物生长规律，绿化施工季节在3月中旬～5月初，10月中旬～11月下旬的时间属于反季节施工。

（　　）12. 栽植裸根苗时，将苗木置于穴中央扶直，填入表土至一半时，将苗木轻轻提起，使根茎部位与地表相平，保持根系舒展，踩实，填土直到穴口处，再踩实，筑土堰。

（　　）13. 水是保证植树成活的重要条件，定植后必须连续浇灌几次水，尤其是气候干旱、蒸发量大的地区更为重要。

（　　）14. 大树移栽时，不切断大根，采取环状剥皮的方法，剥皮宽度10～15cm，这样能促进须根的生长，这种方法树身不稳，需加支柱。

（　　）15. 挖掘大树时为防止由于树身不稳倒伏引起工伤事故及损坏苗木，在挖掘前对需移植的大树支柱。

四、简答题（每小题10分，共20分）——3选2

题号	1	2	得分	阅卷人	审核人
小题得分					

1. 简述土方压实的一般要求。

参考答案：压实必须分层进行；要注意均匀；压实松土的工具应先轻后重；应自边缘逐渐向中间收拢。含水量控制：最佳含水量。铺土厚度和压实遍数：根据土的性质、设计要求的压实系数和使用机具的性能确定。

2. 以移植胸径为12cm香樟为例，简述软包装移植法的移植过程及注意事项。

参考答案：

① 起苗：铲除树干周围的浮土，以树干为中心，85cm左右直径画圆，顺着此圆圈往外挖60cm沟并挖掘土球，挖到土球2/3高度时，向里收至直径的1/3；用铲将所留土坨修呈

"苹果形"，表层土铲至见侧根细根。用草绳在土球中部缠20cm腰绳，然后开5～6cm沟底，将双股草绳一头拴在树干上，然后将草绳绕过土球底部，顺序拉紧捆牢打成井字包（或五角星、橘子包），推倒树木，并对其进行修剪，涂抹伤口涂布剂后，用粗绳捆绑、垫隔垫木板，待运输。

② 起吊运输：用绳子将树冠收拢，将土球吊至货车，土球朝前，树梢向后斜放，顺卧在车厢内；将土球垫稳并用粗绳将土球与车身捆牢，防止土球晃动，运输过程不断喷水。

③ 卸苗后检查并记录树枝和泥球损伤等情况，并及时对损伤处进行修补。

④ 挖掘120cm左右坑，坑深比土球高20cm，在坑底施入底肥，铺设20cm种植土。将树木吊入穴中，调整最佳观赏面，剪断草绳，将树摆正后回填种植土并捣实。树木直立平稳后，立即进行支撑。在坑外缘取细土筑一圈高30cm灌水堰，然后浇透水，浇三次后封堰，即完成香樟移植过程。

3.简述大树移栽施工工程反季节施工注意事项。

参考答案：

① 在选材上要尽可能地挑选长势旺盛、植株健壮、无病虫害的苗，应尽量选择栽过的、假植的、土球大的苗木，以容器苗为最好。

② 调配土质肥沃疏松、透气性和排水性好的土壤作为种植土。

③ 针对大规格常绿乔木，采用以下特殊措施。

a. 夏季高温，容易失水，苗木进场时间以早、晚为主，栽植以雨天为好。

b. 施生根粉。

c. 搭建遮阳棚并进行树冠喷雾。

d. 种植后马上挂活力素。

e. 施工后，在土坨周围用硬器打洞，洞深为土坨的1/3，施后灌水。

④ 苗木在装车前，先用草绳、麻布或草包将树干、树枝包好，同时对树身进行喷水；苗木到场后及时栽植。

⑤ 栽植前应当进行修剪整形，落叶乔木对苗木应进行强修剪，剪除部分侧枝，疏剪或短截保留的侧枝，摘去部分叶片。

6.6 园林绿化工程施工技术训练习题（实际操作部分）

试题名称：采用软包装移栽法移栽胸径为7～8cm带冠桂花

一、任务描述

操作要求：独立完成软包装法从土球挖掘→土球包装→搬运→挖穴→施基肥→种植→绕草绳→支撑→围堰浇水等过程；熟练掌握软包装移栽法完整的操作流程，会处理临时情况；根系损伤小，土球包装精美，栽植前修剪适度，基肥搁置合理，种植树干笔直，支撑稳定，浇水透；安全操作，出现安全事故立即停止考核；考核之前核对工具，考核结束后，清理现场。

二、实施条件

序号	类别	名称	规格	单位	数量	备注
1	材料	桂花	胸径7～8cm	株	30	根据情况
		草绳	10米/捆	捆	30	1捆
		竹竿支撑	D=5cm，L=1.5m	根	90	3根
		双飞粉	20kg	包	1	包
		腐叶土		kg	60	2kg
		复合肥		kg	15	0.5kg
2	工具	钢卷尺	5m	把	30	1把
		锄头、尖铲、平剪、枝剪	工用	把	各30	每人各1把
		簸箕和扁担	工用	套	30	1套
		手推斗车	工用	台	10	1台
		浇水壶或皮管4条（30m/根）		个	10	1个
		工作服和手套、安全帽		套	30	1套
3	测评专家	每10名考生配备1名考评员。考评员要求具备至少5年以上园林企业从事园林植物栽植工程工作经历				

三、考核时量

考试时间为90min。

四、评分标准

评价项目	配分	考核内容及要求	评分细则
施工准备	5	穿戴安全帽及手套；清查给定工具	没按规定的每错一项扣1～2分
	5	具有正确的施工工艺流程方案	每错一项扣1～2分
	10	按照正确的施工工艺流程施工	每错一项扣1～2分
起苗及搬运	10	挖掘土球根系损伤少，土球包装方法正确，包装美观	每错一项扣1～2分
	10	对苗木枝干、树叶和根系进行疏枝、摘叶和短截整形	每错一项扣1～3分。
	5	搬运过程有损坏苗木土球和枝干	每错一项扣1～3分
挖穴、种植、支撑、浇水	10	种植穴挖掘正确，基肥搁置合理	每错一项扣1～3分
	10	栽植深度、最佳观赏面的朝向和直立度、回填土的夯实情况等	每错一项扣1～3分
	5	绕草绳完美，不得有绳头暴露、高度达标	每错一项扣2～10分
	5	要求打三脚支撑、支撑须稳固有着力点	没达到规定的每错一项扣5～10分
	10	熟练和安全使用常用的施工工具	每错一项扣2～5分
	5	树穴周围筑成高20cm左右的灌水土堰，堰应筑实不得漏水	没达到规定的每错一项扣2分
	5	浇水中不得溢流、苗木倾斜要扶正并加固	没达到规定的每错一项扣2分

续表

评价项目	配分	考核内容及要求	评分细则
清理现场	5	竣工后,修剪掉大量的枝叶进行清理、围堰浇水规范,现场卫生、施工工具及时整理与清洁	没达到规定的每错一项扣2分
否定项		若考生因操作不规范,引发安全事故,则应及时终止其考核,考核成绩记为零	

6.7 综合职业技能考核模拟题（理论知识部分）

班级：　　　　　姓名：　　　　　成绩：

一、单项选择题（每小题2分,共30分）

得分	阅卷人	审核人

题号	1	2	3	4	5	6	7	8	9	10
答案	A	B	C	D	B	A	D	C	D	A
题号	11	12	13	14	15					
答案	B	D	A	D	D					

1. 一年中,最适宜大树移栽的最佳时间在（　　）。
   A. 早春　　　　B. 夏季　　　　C. 晚秋　　　　D. 早冬
2. （　　）是将植物的一年生或多年生枝条的一部分剪去,以刺激剪口下的侧芽萌发,抽发新梢,增加枝条数量,多发叶多开花。它是园林植物修剪整形最常用的方法。
   A. 剪　　　　B. 截　　　　C. 疏　　　　D. 除蘖
3. 一般来说,树冠内膛的弱枝,因光照不足,枝内营养水平差,应行（　　）剪,以促进营养生长转旺。
   A. 强　　　　B. 弱　　　　C. 重　　　　D. 轻
4. 树冠外围生长旺盛,对于营养水平较高的中、长枝,应（　　）剪,促发大量的中、短枝开花。
   A. 强　　　　B. 弱　　　　C. 重　　　　D. 轻
5. 下列动物中不属于昆虫的是（　　）。
   A. 螳螂　　　　B. 蝎子　　　　C. 蚂蚁　　　　D. 蝉
6. 胃毒剂可用来防治（　　）口器的害虫。
   A. 咀嚼式　　　　B. 刺吸式　　　　C. 虹吸式　　　　D. 锉吸式
7. 下列事实中可称为植物病害的是（　　）。
   A. 用枝干人工培养食用菌　　　　B. 树木枝干上长出可以食用的真菌
   C. 树木被风折断　　　　D. 叶片萎蔫
8. A2图纸幅面大小是（　　）。

A. 841mm×1189mm　　B. 210mm×297mm　　C. 420mm×594mm　　D. 297mm×420mm

9. 必要时可以加长图纸的幅面，图纸的加长量为原图纸长边的（　　）。
A. 1/2　　　　　　B. 1/3　　　　　　C. 1/4　　　　　　D. 1/8

10. 标题栏用来简要说明图纸的内容，必须画在每张图纸的（　　）。
A. 右下角　　　　　B. 右上角　　　　　C. 左上角　　　　　D. 左下角

11. 可见轮廓线使用的线粗和线型是（　　）。
A. 粗实线　　　　　B. 中实线　　　　　C. 细实线　　　　　D. 中虚线

12. 拉丁字母及数字若写成斜体字，斜体的倾斜度应是对底线逆时针旋转（　　）。
A. 60°　　　　　　B. 70°　　　　　　C. 85°　　　　　　D. 75°

13. 建筑工程图上标注的尺寸数字，除标高及总平面图以米为单位外，其余都以（　　）为单位。因此，建筑工程图上的尺寸数字无须注写单位。
A. 毫米　　　　　　B. 厘米　　　　　　C. 分米　　　　　　D. 平方米

14. 用作绿篱、色块、造型的苗木，在种植后按（　　）整形修剪。
A. 形状特征　　　　B. 生态习性　　　　C. 生长状况　　　　D. 设计要求

15. 常绿树修剪时期一般在冬季已过的（　　），即树木将发芽萌动之前是常绿树修剪的适期。
A. 立春　　　　　　B. 早春　　　　　　C. 春分　　　　　　D. 晚春

二、多项选择题（每小题 2 分，共 20 分）

		得分	阅卷人	审核人

题号	1	2	3	4	5	6	7	8	9	10
答案	ACD	ABC	ABD	ABCD	ABC	CDE	ABCD	ABDE	CDE	ABC

1. 属于园林植物病状的有（　　）。
A. 黄化　　　　B. 黑色粉状物　　　　C. 花叶　　　　D. 溃疡　　　　E. 白色粉状物

2. 园林树木的整形方式一般有（　　）。
A. 自然式　　　B. 人工式　　　　　　C. 混合式　　　D. 随意式　　　E. 放任式

3. 当拉丁字母单独作代号或符号时，不使用（　　）三个字母，以免同阿拉伯数字 1，0，2 相混淆。
A. I　　　　　　B. O　　　　　　　　C. U　　　　　　D. Z　　　　　　E. H

4. 为保证成活率，大树移栽前要进行一定程度的修剪，包括（　　）。
A. 剪去多余的枝条，摘去部分树叶
B. 根据需要摘去顶芽（摘心）
C. 摘去花果
D. 对需要限制生长的枝干进行刻伤或环状剥皮
E. 所有分枝修剪掉

5. 灌木逐年疏干更新修剪应该（　　）。
A. 去老留幼　　B. 去密留疏　　　　　C. 去弱留强　　D. 去叶留枝　　E. 去枝留干

6. 属于园林树木混合式整形的有（　　）。
   A. 杯形　　　　B. 长方形　　　　C. 疏散分层形　　D. 自然开心形　　E. 中央领导干形
7. 图样上标注的尺寸由（　　）等组成，称为尺寸的四要素。
   A. 尺寸线　　　　　　　　　　　　B. 尺寸界线
   C. 尺寸起止符号　　　　　　　　　D. 尺寸数字
   E. 文字
8. 园林植物叶、花、果病害主要有（　　）。
   A. 白粉病　　　B. 锈病　　　　C. 丛枝病　　　　D. 叶斑病　　　E. 霜霉病
9. 去顶修剪适用于（　　）。
   A. 萌芽力强的树木　　　　　　　　B. 生长空间受到限制的树木
   C. 土壤太薄或根区缩小而不能支撑的大树　　D. 因病虫为害而明显枯顶枯梢的树木
   E. 病害蔓延严重的树木
10. 绿篱的整形方式包括（　　）。
    A. 自然式　　　B. 半自然式　　　C. 整形式　　　D. 混合式　　　E. 随意式

三、判断题（每小题 2 分，共 30 分）

	得分	阅卷人	审核人

题号	1	2	3	4	5	6	7	8	9	10
答案	√	√	×	×	√	√	×	×	×	√
题号	11	12	13	14	15					
答案	×	√	√	√	×					

注：对打"√"、错打"×"。

（　　）1. 园林树木夏季修剪的主要手法有疏枝、摘心等。
（　　）2. 夏季修剪在栽培管理中具重要作用，其主要手法有除蘖、抹芽。
（　　）3. 截枝式修剪多用于雪松、女贞等萌枝力较强的树种。
（　　）4. 一般来说，阔叶篱的修剪次数少于针叶篱。
（　　）5. 对病害发生发展起促进和延缓作用的因素被称为发病条件。
（　　）6. 非侵染性病害一般大面积同时发生，表现同一症状。
（　　）7. 对一年生枝条的短截称为回缩，多在冬季修剪中采用。
（　　）8. 一般情况下，花篱修剪时期主要以落叶前为宜。
（　　）9. 植物种植除种植成本以外不需要考虑栽植以后的养护费用。
（　　）10. 在平面图中的草地用小圆点表示，小圆点应疏密有致，而且凡在草坪边缘、树冠边缘或建筑物边缘处的圆点应密些，空旷处应稀些以增加平面空间层次感。
（　　）11. 乔木装车时，应排列整齐，树梢朝前，土球向后斜放，顺卧在车厢内；将土球垫稳并用粗绳将土球与车身捆牢，防止土球晃动。

（　　）12. 常见的平面式色带拼图的地表形式有三种基本形式，分别是平面式、龟背式、坡式。

（　　）13. 灌木平面式色带拼图种植一般按"先中心后四周，先上后下"的顺序进行。

（　　）14. 园林树木整形修剪中，开张枝条的主要方法有撑枝、拉枝。

（　　）15. 绿篱树种的选择，要求枝叶繁茂、叶大蘖浓、耐修剪。

四、简答题（每小题10分，共20分）

题号	1	2	得分	阅卷人	审核人
小题得分					

1. 简述植物种植设计遵循的基本原则。

答：（1）对比与和谐原则；

（2）均衡与稳重原则；

（3）韵律与节奏原则；

（4）比例与尺度原则；

（5）生态与经济原则。

2. 简述灌木修剪的原则与方法。

答：（1）花、果观赏类灌木　①春季开花的落叶灌木，花后修剪为主；②夏秋开花的落叶灌木：花前修剪为主；③一年多次开花的灌木，除休眠期剪除老枝外，应在花后短截新梢，以改善再次开花的数量和质量。

（2）枝叶类观赏灌木　每年冬季和早春重剪，以后轻剪。剪除失去观赏价值的多年生枝条。

（3）放任灌木的修剪与灌木更新　修剪改造，逐步去掉老干，去掉过密枝条。

6.8　综合职业技能考核模拟题（实践操作部分）

班级：　　　　姓名：　　　　成绩：

项目	要求	配分	计分			平均分	本项得分
			考评员1	考评员2	考评员3		
植物种植施工图设计	图面整洁、图样美观	10					
	比例合理、图例标准、制图规范	20					
	植物配置合理、模纹图案优美	50					
	标注完整（包含植物名称、数量和单位）	15					

项目	要求	配分	计分			平均分	本项得分
			考评员1	考评员2	考评员3		
植物种植施工图设计	制图熟练，在规定时间内完成	5					
	总分						
	否定项说明	若考生因严重不遵守考场纪律，或操作不规范，引发安全事故，则应及时终止其考核，考核成绩记为零					

题目：给定湖南地区某学校宿舍区的一块绿地（见图6-1）。该绿地位于宿舍区中心，地形平坦，绿地尺寸如图所示，要求考生完成该绿地的植物景观设计，并设置简洁流畅的园路和一套石桌凳，重点是完成一张植物种植施工图设计。

一、完成内容

植物种植施工图设计，乔木、灌木与地被等植物分层绘制；在施工图中必须标明植物名称、数量和单位；完成植物配置表，其中苗木品种、规格和数量自定。

二、考核须知

采用一张A3绘图纸制图，图纸比例自定；自带绘图工具（HB或2B铅笔、三角板、模板和比例尺等）；3小时内独立完成。

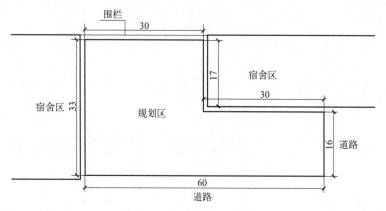

图6-1 某校宿舍区绿地规划图

附录

附录1 长江以南地区常用园林植物（188种）生态习性和园林用途一览表

序号	植物名称	学名	种类	科名	生态习性	观赏特性及园林用途
1	龙柏	*Juniperus chinesis* 'Kaizuca'	常绿乔木	柏科	喜光树种，耐低温及干燥地	枝密，翠绿色，球果蓝黑；绿篱
2	圆柏	*Juniperus chinensis* L.	乔木	柏科	中性，耐寒，稍耐湿，耐修剪	幼年树冠狭圆锥形；园景树，丛植、列植
3	福建柏	*Fokienia hodginsii*	高大乔木	柏科	阳性树种，喜温暖湿润气候、肥沃土壤	树形优美，树干通直；绿篱、庭院树
4	侧柏	*Platycladus orientalis*	乔木	柏科	阳性树种，耐旱、耐高温、耐瘠薄	树形自然古朴；绿篱、行道树、庭院树
5	马尾松	*Pinus massoniana*	乔木	松科	强阳性，喜温湿气候，宜酸性土	造林绿化，风景林
6	雪松	*Cedrus deodara*	乔木	松科	弱阳性，耐寒性较强，抗污染力弱	树冠圆锥形，姿态优美；园景树，风景林
7	黑松	*Pinus thunbergii*	乔木	松科	喜光，耐干旱瘠薄，不耐水涝，不耐寒	树姿古雅；庭院树
8	罗汉松	*Podocarpus macrophyllus*	乔木	罗汉松科	半阴性，喜温暖湿润气候，不耐寒	树形优美，观叶、观果；孤植、对植、丛植
9	竹柏	*Nageia nagi*	乔木	罗汉松科	耐阴树种，不耐阳光直射；喜微酸性土壤	树冠浓郁，树形美观；庭院树
10	杉木	*Cunninghamia lanceolata*	高大乔木	柏科	中性，喜温暖湿润气候及酸性土，速生	树冠圆锥形；园景树，造林绿化

续表

序号	植物名称	学名	种类	科名	生态习性	观赏特性及园林用途
11	南方红豆杉	Taxus wallichiana var. mairei	乔木	红豆杉科	喜阴,喜温暖湿润气候及酸性土壤,生长缓慢	条形叶厚革质,镰刀状弯曲,雌雄异株,假种皮红色;庭院树
12	樟	Camphora officinarum	乔木	樟科	喜光树种,喜温暖湿润,稍耐阴,不耐寒,能抗风	庭荫树、行道树、风景林树种
13	荷花木兰	Magnolia grandiflora	常绿乔木	木兰科	喜光而幼年耐阴。喜温暖湿润气候。适合酸、中性土	花大,白色6~7月;庭荫树,行道树
14	深山含笑	Michelia maudiae	乔木	木兰科	能耐阴,不耐干旱及暴晒	花大色白芳香,花供观赏
15	乐昌含笑	Michelia chapensis	乔木	木兰科	喜光喜湿润环境,适应性强,喜深厚肥沃、排水良好的疏松土壤	树形优美,叶薄革质,倒卵形,花淡黄色,单生叶腋,花期3~4月;群植、列植
16	山杜英	Elaeocarpus sylvestris	小乔木	杜英科	较耐阴,耐寒,忌排水不良,耐修剪	花黄白色,7月;庭荫树、背景树、行道树
17	秃瓣杜英	Elaeocarpus glabripetalus	乔木	杜英科	喜温暖阴湿环境,要求排水良好、湿润肥沃土壤	树冠卵圆形,花期6~7月;绿化树种
18	香橙	Citrus × junos	小乔木	芸香科	有一定抗寒性、耐高温和耐阴能力,喜欢土层深厚、疏松透气的土壤	适合栽在庭院作观果和食果用
19	杨梅	Myrica rubra	常绿乔木	杨梅科	稍耐阴不耐寒,喜温暖湿润气候	果深红、紫红、白等,果期6月;观赏和绿化树种
20	红花荷	Rhodoleia championii	常绿乔木	金缕梅科	中性偏阴树种,喜温暖湿润气候、微酸性土壤	花型花色美丽;庭院树
21	醉香含笑	Michelia macclurei	乔木	木兰科	喜温暖湿润的气候,喜光稍耐阴,喜土层深厚的酸性土壤	树形美观,花香浓郁;行道树、庭院树
22	凹叶厚朴	Houpoea officinalis 'Biloba'	落叶乔木	木兰科	阳性树种,喜温暖湿润气候,喜肥沃的土壤	叶大花美;行道树、庭院树
23	大花紫薇	Lagerstroemia speciosa	大乔木	千屈菜科	阳性,喜暖热气候,不耐寒	花淡紫红色,夏秋;庭荫观赏树,行道树
24	闽楠(兴安楠木)	Phoebe bournei	乔木	樟科	喜阴,喜温暖湿润气候,树形优美	行道树、庭院树
25	贵州石楠	Photinia bodinieri	乔木	蔷薇科	喜光耐阴,喜温暖湿润气候,微酸性土壤	花白色,梨果黄红色;作刺篱
26	丝葵(老人葵)	Washingtonia filifera	乔木	棕榈科	喜温暖、湿润及阳光充足的环境、耐热、耐湿、耐瘠薄土地,较耐寒、较耐旱,抗污染能力强	适宜作园景树、庭荫树、行道树等,单植、丛植、群植、列植均可
27	加拿利海枣	Phoenix canariensis	乔木	棕榈科	性喜温暖、湿润的环境,喜光也耐阴,略耐寒,能耐干旱和盐碱土壤	可孤植作园景树、列植为行道树,或丛植、群植造景,也可盆栽观赏

续表

序号	植物名称	学名	种类	科名	生态习性	观赏特性及园林用途
28	蒲葵	*Livistona chinensis*	乔木	棕榈科	喜高温、高湿，好阳光，亦能耐阴，喜湿润的黏质土	庭荫树、行道树，对植、丛植、盆栽
29	棕榈	*Trachycarpus fortunei*	乔木	棕榈科	中性，喜温湿气候，耐阴，耐寒，抗有毒气体	工厂绿化，行道树，对植、丛植、盆栽
30	冬青	*Ilex chinensis*	常绿乔木	冬青科	喜光，稍耐阴，耐寒力尚强，喜温、湿、肥沃的砂质壤土	叶长卵形，花紫红色，有香气，花期5～6月
31	大叶冬青	*Ilex latifolia*	常绿乔木	冬青科	耐阴，喜温暖、湿润土壤	叶大，花紫红色，花期5～6月，观果
32	红花羊蹄甲	*Bauhinia×blakeana*	乔木	豆科	喜温暖、湿润、阳光充足的环境，宜偏酸性砂质壤土	树形优美，花期长；行道树、庭院树
33	红叶石楠	*Photinia × fraseri*	常绿小乔木成灌木	蔷薇科	喜光耐阴，喜温暖湿润气候，不择土壤，耐瘠薄	株型紧凑，叶革质，倒卵状披针形，新叶红色，花期4～5月；绿篱，庭院树
34	木樨	*Osmanthus fragrans*	常绿乔木或灌木	木樨科	阳性，喜温暖、湿润气候。耐半阴，不耐严寒和干旱	花黄白色、浓香，花期9月；庭园观赏，盆栽
35	金桂	*Osmanthus fragrans* var. *thunbergii*	常绿乔木	木樨科	喜光，稍耐阴；喜温暖和通风良好的环境，不耐寒；喜湿润排水良好的砂质壤土，忌涝地、碱地和黏重土壤	花期仲秋，浓香；假山、草坪、院落
36	枸骨	*Ilex cornuta*	常绿小乔木或灌木	冬青科	弱阳性，抗有毒气体，生长慢	绿叶红果；基础种植，丛植，盆栽
37	海桐	*Pittosporum tobira*	常绿小乔木或灌木	海桐科	中性，喜温湿，不耐寒，抗海潮风	白花芳香，花期5月；基础种植，绿篱，盆栽
38	雀舌黄杨	*Buxus bodinieri*	灌木	黄杨科	中性，喜温暖，不耐寒，生长慢	枝叶细密；庭园观赏，丛植，绿篱，盆栽
39	小叶黄杨	*Buxus sinica* var. *parvifolia*	常绿灌木或小乔木	黄杨科	喜温暖、半阴、湿润气候，耐修剪	绿篱，大型花坛镶边，点缀山石
40	黄杨	*Buxus sinica*	小乔木或灌木	黄杨科	中性，抗污染，耐修剪，生长慢	枝叶细密；庭园观赏，丛植，绿篱，盆栽
41	夹竹桃	*Nerium oleander*	常绿灌木	夹竹桃科	阳性，喜温暖湿润气候，抗污染	花粉红，5～10月；庭院观赏，花篱，盆栽
42	软叶丝兰	*Yucca flaccida*	常绿小乔木或灌木	天门冬科	喜阳光，适应性强，耐寒，耐旱	花乳白色，6～7月；庭园观赏，丛植
43	栀子	*Gardenia jasminoides*	常绿灌木	茜草科	中性，喜温暖气候及酸性土壤	花白色，浓香，6～8月；庭园观赏，花篱
44	枇杷	*Eriobotrya japonica*	常绿小乔木	蔷薇科	弱阳性，喜温暖、湿润气候，不耐寒	叶大荫浓，初夏黄果；庭园观赏，果树

续表

序号	植物名称	学名	种类	科名	生态习性	观赏特性及园林用途
45	石楠	*Photinia serratifolia*	常绿小乔木或灌木	蔷薇科	弱阳性，喜温暖，耐干旱瘠薄	嫩叶红色，秋冬红果；庭园观赏，丛植
46	茶梅	*Camellia sasanqua*	常绿小乔木	山茶科	弱阳性，喜温暖气候及酸性土壤	花白、粉、红，11～1月；庭园观赏，绿篱
47	厚皮香	*Ternstroemia gymnanthera*	常绿小乔木或灌木	五列木科	喜温暖、凉爽气候，较耐寒，宜于微酸性土壤	树冠浑圆，叶厚光亮；片植、庭院树
48	冬青卫矛	*Euonymus japonicus*	常绿灌木	卫矛科	中性，喜温湿气候，抗有毒气体，较耐寒，耐修剪	观叶；绿篱，基础种植，丛植，盆栽
49	南天竹	*Nandina domestica*	常绿灌木	小檗科	中性，耐阴，喜温暖、湿润气候，耐寒	枝叶秀丽，秋冬红果；庭园观赏，丛植，盆栽
50	十大功劳	*Mahonia fortunei*	常绿灌木	小檗科	喜光，稍耐阴，耐寒性强	花黄色，果蓝黑色；庭园观赏，丛植，绿篱
51	柑橘	*Citrus reticulata*	常绿小乔木	芸香科	喜温暖、湿润气候，耐寒性较柚、酸橙、甜橙强	枝叶茂盛，春季花香；庭园、绿地、风景区
52	柞木	*Xylosma congesta*	常绿乔木或灌木	杨柳科	阳性，喜温暖、湿润气候，喜排水良好的中性土壤	桩景树
53	红花檵木	*Loropetalum chinense* var. *rubrum* Yieh	常绿灌木或小乔木	金缕梅科	喜光，稍耐阴，喜湿润、肥沃的微酸性土壤。适应性强，耐寒，耐旱	叶、花均为紫红色，花期4～5月；林缘、山坡路旁栽种
54	山茶	*Camellia japonica*	常绿乔木	山茶科	喜肥沃湿润、排水良好的微酸性土壤，不耐碱性土；对海潮风有一定抗性	花大，有红色淡红白色，花期4月；观赏花木
55	苏铁	*Cycas revoluta*	常绿小乔木	苏铁科	喜光稍耐半阴，喜暖热、湿润环境，不耐寒，生长慢	树形古雅；庭院树、盆栽
56	江边刺葵	*Phoenix roebelenii* O'Brien	常绿灌木	棕榈科	喜温暖、湿润的环境，较耐阴、耐旱、耐瘠薄	别名美丽针葵，树形相对较小，可作为盆栽观赏和露地栽培
57	铺地柏	*Juniperus procumbens*	匍匐小灌木	柏科	喜光，稍耐阴，喜石灰质的肥沃土壤	姿态优美；地被、桩景树
58	龟甲冬青	*Ilex crenata* var. *convexa*	常绿灌木	冬青科	喜光、稍耐阴，宜酸性土，耐寒，耐高温	叶形奇特；绿篱、盆栽
59	双荚决明	*Senna bicapsularis*	直立灌木	豆科	喜光，耐寒，耐干旱瘠薄的土壤	花期长，花色艳丽迷人；丛植
60	龙须藤	*Phanera championii*	藤本	豆科	喜光，较耐阴，适应性强，耐干旱瘠薄	叶形奇特；棚架、绿廊、墙垣等攀缘绿化
61	花叶胡颓子	*Elaeagnus pungens* var. *Variegata* Redh	常绿灌木	胡颓子科	阳性，耐高温、耐干旱瘠薄，耐水湿	叶色美丽；绿篱、造型树
62	绣球	*Hydrangea macrophylla*	灌木	绣球花科	喜温暖、湿润和半阴环境	花型丰满，大而美丽；花境、盆栽

续表

序号	植物名称	学名	种类	科名	生态习性	观赏特性及园林用途
63	中华蚊母树	Distylium chinense	灌木	金缕梅科	喜阳，能耐阴。喜温暖、湿润气候，对土壤要求不严	造型树，绿篱
64	朱槿	Hibiscus rosa-sinensis	常绿灌木	锦葵科	喜温暖、湿润气候，阳光充足，不耐霜冻，要求排水良好的土壤	花鲜红色或粉红色；盆栽观赏花木
65	凤尾丝兰	Yucca gloriosa	常绿灌木	天门冬科	喜温暖、湿润和阳光充足环境，耐寒，耐旱	姿态优美，花色秀丽；丛植
66	马缨丹	Lantana camara	灌木或蔓性灌木	马鞭草科	阳性，喜温暖、湿润环境，耐干旱	花色美丽多彩，花期长；花篱、盆栽
67	穗花牡荆	Vite x agnus-castus	灌木	唇形科	阳性，耐干旱瘠薄，耐盐碱，耐寒性强	花色美丽；花篱、花境
68	美丽赪桐	Clerodendrum speciosissimum	直立灌木	唇形科	阳性树种，较耐阴。喜高温、湿润气候，喜微酸性砂质壤土	花色艳丽；花篱
69	金叶假连翘	Duranta erecta 'Golden Leaves'	灌木	马鞭草科	阳性植物，喜高温、湿润气候	绿篱、花坛花境、造型、地被植物
70	臭牡丹	Clerodendrum bungei	灌木	唇形科	喜光，喜温暖湿润气候，耐湿、耐旱、耐寒，不择土壤	叶大色绿，花序稠密鲜艳；地被、绿篱
71	醉鱼草	Buddleja lindleyana	直立灌木	玄参科	阳性植物，喜干燥，适应性强	花色艳丽；花坛、花境
72	含笑花	Michelia figo	常绿灌木	木兰科	中性，喜温暖、湿润气候及酸性土	花淡紫色，浓香，花期4～5月；庭园观赏，盆栽
73	紫花含笑	Michelia crassipes	小乔木	木兰科	喜温暖、湿润气候，微酸性土壤	色彩独特，芳香宜人；花篱、丛植
74	金柑	Citrus japonica Thunb.	灌木	芸香科	性喜温暖、湿润气候，怕涝，喜光，但怕强光，稍耐寒，不耐旱，南北各地均有栽种	常见的盆栽果品，庭院观果
75	萼距花	Cuphea hookeriana	灌木	千屈菜科	喜光，抗性和适应性强	花期长；花篱、花境
76	栀子	Gardenia jasminoides	灌木	茜草科	喜温暖、湿润气候，喜阳，耐高温，宜酸性土壤	花白色，浓香；盆栽、盆景、地被
77	白蟾	Gardenia jasminoides var. fortuneana	灌木	茜草科	喜温暖、湿润、光照充足、通风良好的环境，忌强光暴晒	花大香浓；花篱
78	龙船花	Ixora chinensis	灌木	茜草科	喜湿润炎热气候，酸性土壤	花色艳丽、量大；盆栽、花篱
79	月季花	Rosa chinensis	直立灌木	蔷薇科	喜光照、通风良好的环境，耐寒，喜肥，对土壤要求不严，宜肥沃、排水良好的微酸性砂壤土	花色艳丽，花期5～10月，花红至白色；花坛、花镜、庭园、假山

续表

序号	植物名称	学名	种类	科名	生态习性	观赏特性及园林用途
80	玫瑰	Rosa rugosa	灌木	蔷薇科	喜温暖、喜肥、喜光，花期忌暴晒，宜疏松透气的肥沃的微酸性土壤	花期5~10月，花红至白色；适合园林布置花坛，路带花境，草坪点缀，也适合盆花造型
81	大花糯米条	Abelia × grandiflora	常绿灌木	忍冬科	阳性植物，喜温暖、湿润气候，肥沃土壤	花形美丽，花期长；花篱、片植
82	瑞香	Daphne odora	常绿灌木	瑞香科	喜半阴环境，肥沃土壤	花期长、花香浓郁；花篱、盆栽
83	桃叶珊瑚	Aucuba chinensis	常绿灌木或小乔木	丝缨花科	适应性强，性喜温暖、阴湿环境，不耐寒，耐修剪	叶色亮丽；绿篱
84	八角金盘	Fatsia japonica	灌木	五加科	强阴树种，喜温暖，畏酷热	叶大有光泽，花白；观叶树种
85	六月雪	Serissa japonica	小灌木	茜草科	稍耐阴，萌芽力强，耐剪，不耐寒	叶成簇，花冠白色带红晕；花镜、花篱、点缀山石
86	重阳木	Bischofia polycarpa	落叶乔木	叶下珠科	阳性，喜温暖气候，耐水湿，抗风，不耐寒	行道树，庭荫树，堤岸树
87	乌桕	Triadica sebifera	乔木	大戟科	阳性树种，适应性极强	叶形秀丽，秋叶艳丽；庭院树
88	合欢	Albizia julibrissin	落叶乔木	豆科	阳性，稍耐阴，耐寒，耐干旱瘠薄	花粉红色，6~7月；庭荫树，行道树
89	龙爪槐	Styphnolobium japonicum 'Pendula'	落叶乔木	豆科	阳性，耐寒，抗性强，耐修剪	枝下垂，树冠伞形；庭园观赏，对植，列植
90	槐	Styphnolobium japonicum	落叶乔木	豆科	喜光，耐盐碱	枝叶茂密，绿荫如盖；行道树、庭荫树
91	枫杨	Pterocarya stenoptera	高大乔木	胡桃科	阳性，适应性强，耐水湿，速生	庭荫树，行道树，护岸树
92	枫香树	Liquidambar formosana	大乔木	蕈树科	阳性，喜温暖、湿润气候，耐干瘠	秋叶红色；庭荫树，风景林
93	玉兰	Yulania denudata	落叶乔木	木兰科	阳性树种，略耐阴，较耐寒，喜湿润，怕水淹	叶倒卵形，花先叶开放，色白芳香，花期3月
94	二乔玉兰	Yulania × soulangeana	落叶乔木	木兰科	喜光、耐寒、耐旱，不择土壤	花大色艳；行道树、庭院树
95	鹅掌楸	Liriodendron chinense	乔木	木兰科	中性偏阴树种，喜温暖、湿润、避风环境，耐寒性强，忌高温	花黄绿色，4~5月；庭荫观赏树，行道树
96	元宝槭	Acer truncatum	落叶乔木	无患子科	弱阳性，稍耐阴，喜温凉、湿润气候，在中、酸土上均能生长	树形优美，叶果秀丽；可作庭荫树、行道树和防护林
97	三角槭	Acer buergerianum	落叶乔木	无患子科	弱阳性，喜温湿气候，较耐水湿	庭荫树，行道树护岸树，风景林

续表

序号	植物名称	学名	种类	科名	生态习性	观赏特性及园林用途
98	碧桃	Prunus persica 'Duple x'	乔木	蔷薇科	喜阳光，耐旱、耐寒	色彩鲜艳；庭院树
99	日本晚樱	Prunus serrulata var. Lannesiana	乔木	蔷薇科	喜光、较耐寒，喜深厚肥沃土壤	花大，淡红色，有香气，花期4～5月，庭荫树
100	桑	Morus alba	落叶乔木或灌木	桑科	喜光，喜温暖、湿润气候，耐寒、耐干旱、耐水湿能力强	树冠宽阔，秋季叶色变黄；庭院树
101	四照花	Cornus kousa subsp. chinensis	落叶乔木	山茱萸科	喜温暖、湿润气候，喜光，适应性强，耐热	树形整齐，总苞片色白如蝶；庭院树
102	落羽杉	Ta x odium distichum	落叶乔木	柏科	喜温暖、湿润气候，喜光不耐庇阴，特耐水湿	树冠狭锥形，秋色叶；护岸树，风景林
103	池杉	Ta x odium distichum var. imbricartum	落叶乔木	柏科	喜光树种，耐水湿抗风力强	树冠狭圆锥形，秋色叶；水滨湿地绿化
104	水杉	Metasequoia glyptostroboides	落叶乔木	柏科	阳性，喜温暖，较耐寒，耐盐碱，适应性强	树冠狭圆锥形；列植、丛植，风景林
105	金钱松	Pseudolarix amabilis	落叶乔木	松科	喜光，喜温暖、湿润气候，宜土层深厚、肥沃、排水良好的酸性土壤	树姿优美，深秋叶色金黄；孤植、丛植、列植
106	无患子	Sapindus saponaria	落叶乔木	无患子科	弱阳性，喜温湿气候，不耐寒，抗风	树冠广卵形；庭荫树、行道树
107	栾	Koelreuteria paniculata	落叶乔木或灌木	无患子科	喜光能耐半阴，不择土质，耐寒、耐瘠薄、盐碱，根系深长	花黄色，秋日变红色，8～9月；庭院观赏树和行道树
108	复羽叶树	Koelreuteria bipinnata	落叶乔木	无患子科	喜光，能耐半阴，不择土壤，耐寒、耐瘠薄、盐碱	树形端正，果实紫红色似灯笼；庭院树、行道树
109	梧桐	Firmiana simplex	落叶乔木	锦葵科	喜光，喜湿润、肥沃的砂质土壤。肉质根，不耐水湿	叶大；庭荫树和行道树
110	二球悬铃木	Platanus acerifolia	落叶乔木	悬铃木科	阳性树种，抗旱性强，较耐湿，对土壤要求不严	树冠广展，叶大荫浓；行道树
111	垂柳	Salix babylonica	乔木	杨柳科	阳性，喜温暖及水湿气候，耐旱，速生	枝细长下垂；庭荫树、观赏树、护岸树
112	龙爪柳	Salix matsudana f. tortuosa	乔木	杨柳科	阳性，耐寒，生长势较弱，寿命短	枝条扭曲如龙游；庭荫树、观赏树
113	银杏	Ginkgo biloba	乔木	银杏科	阳性，耐寒，耐干旱，抗多种有毒气体	秋叶黄色；庭荫树、行道树，孤植、对植
114	榆树	Ulmus pumila	落叶乔木	榆科	阳性，适应性强，耐旱、耐寒、耐盐碱土	庭荫树、行道树、防护林
115	朴树	Celtis sinensis	落叶乔木	大麻科	阳性，适应性强，抗污染，耐水湿	庭荫树，盆景

续表

序号	植物名称	学名	种类	科名	生态习性	观赏特性及园林用途
116	紫叶李	Prunus cerasifera 'Atropurpurea'	小乔木或灌木	蔷薇科	喜光,耐半阴,畏严寒,喜温暖湿润	叶紫红色,花淡粉红,3~4月;建筑物前、园路旁、草坪角隅处
117	紫荆	Cercis chinensis	落叶灌木	豆科	阳性,耐干旱瘠薄,不耐涝	花紫红,3~4月;庭园观赏,丛植
118	杜鹃	Rhododendron simsii	落叶灌木	杜鹃花科	中性,喜温湿气候及酸性土	花深红色,4~6月;庭园观赏,盆栽
119	木槿	Hibiscus syriacus	落叶灌木	锦葵科	阳性,喜水湿土壤,较耐寒,耐旱,耐修剪,抗污染	花淡紫、白、粉红,7~9月;丛植,花篱
120	木芙蓉	Hibiscus mutabilis	落叶小乔木或灌木	锦葵科	中性偏阴,喜温湿气候及酸性土,不耐寒耐水湿	花粉红色,9~10月;庭园观赏,丛植,列植
121	红枫	Acer palmatum 'Atropurpureum'	落叶小乔木	无患子科	中性,喜温暖气候,不耐水涝,较耐干旱	叶常年紫红色;庭园观赏,盆栽
122	鸡爪槭	Acer palmatum	落叶小乔木	无患子科	中性,喜温暖气候,不耐寒	叶形秀丽,秋叶红色;庭园观赏,盆栽
123	紫薇	Lagerstroemia indica	落叶小乔木或灌木	千屈菜科	喜光稍耐阴,耐旱,忌湿涝	花紫、红,7~9月;庭园观赏,园路树
124	垂丝海棠	Malus halliana	乔木	蔷薇科	阳性,不耐阴,喜温暖、湿润气候,耐寒性不强,忌水涝	花鲜玫瑰红色,4~5月;庭园观赏,丛植
125	棣棠	Kerria japonica	落叶灌木	蔷薇科	喜温暖,耐阴,耐湿,耐寒性较差	花金黄,4~5月,枝干绿色;丛植,花篱
126	火棘	Pyracantha fortuneana	落叶灌木	蔷薇科	阳性,喜温暖、湿润气候,不耐寒	春白花,秋冬红果;基础种植,岩石园
127	贴梗海棠	Chaenomeles speciosa	落叶灌木	蔷薇科	阳性,喜温暖气候,较耐寒	花粉、红,4月,秋果黄色;庭园观赏
128	山樱桃	Prunus serrulata	乔木	蔷薇科	阳性,较耐寒,不耐烟尘和毒气	花粉白,4月;庭园观赏,丛植,行道树
129	紫叶桃	Prunus persica 'Zi Ye Tao'	乔木	蔷薇科	阳性,耐干旱,不耐水湿	花粉红,3~4月;庭院树,片植
130	桃	Prunus persica	乔木	蔷薇科	阳性,耐干旱,不耐水湿	花粉红,3~4月;庭园观赏,片植,果树
131	梅	Prunus mume	落叶小乔木或灌木	蔷薇科	阳性,喜温暖气候,怕涝,寿命长	花红、粉、白,芳香,2~3月;庭植,片植
132	野蔷薇	Rosa multiflora	灌木	蔷薇科	喜光,好湿润、肥沃土壤,较耐寒,忌荫蔽	花红、紫,5~10月;庭园观赏,丛植,盆栽
133	无花果	Ficus carica	落叶灌木	桑科	中性,喜温暖气候,不耐寒	庭园观赏,盆栽
134	石榴	Punica granatum	落叶乔木或灌木	千屈菜科	喜温暖、湿润气候,畏风、寒,好光,耐旱	花红色,5~6月,果红色;庭园观赏,果树

续表

序号	植物名称	学名	种类	科名	生态习性	观赏特性及园林用途
135	小叶女贞	*Ligustrum quihoui*	半常绿灌木	木樨科	中性，喜温暖气候，较耐寒	花小，白色，5～7月；庭园观赏，绿篱
136	珊瑚树	*Viburnum odoratissimum*	常绿小乔木或灌木	荚蒾科	喜温暖、湿润气候和阳光充足环境，较耐寒，稍耐阴，喜肥沃中性土壤	果实鲜红；绿篱、片植
137	蜡梅	*Chimonanthus praecox*	落叶小乔木或灌木	蜡梅科	阳性，喜温暖，耐干旱，忌水湿	花黄色，浓香，11～3月；庭园观赏，果树
138	牡丹	*Paeonia ×suffruticosa*	落叶灌木	芍药科	喜温暖、凉爽、干燥、阳光充足的环境	花色艳丽；花境、盆栽
139	紫玉兰	*Yulania liliiflora*	落叶灌木	木兰科	喜温暖、湿润和阳光充足环境，较耐寒	树形娴娜，枝繁花茂；孤植、丛植
140	蝴蝶戏珠花	*Viburnum plicatum f. tomentosum*	落叶灌木	荚蒾科	喜光照充足、温暖环境，耐寒，稍耐半阴，肥沃的砂质土壤	花白色；花篱、丛植
141	红王子锦带花	*Weigela* 'Red Prince'	落叶灌木	忍冬科	喜光，稍耐阴，耐寒耐旱，适应性强	叶色独特，花朵稠密；花篱
142	结香	*Edgeworthia chrysantha*	落叶灌木	瑞香科	喜半阴半湿润环境	树冠球形，枝叶美丽，花香浓郁；丛植、花篱
143	迎春花	*Jasminum nudiflorum*	落叶灌木	木樨科	性喜光，稍耐阴，较耐寒，喜温湿	花黄色，早春叶前开放；庭园观赏，丛植
144	金叶女贞	*Ligustrum × vicaryi*	落叶灌木	木樨科	喜光，稍耐阴，较耐寒，抗有毒气体	绿篱，庭园栽植观赏
145	睡莲	*Nyphaea tetragona*	水生草本	睡莲科	耐寒，喜强光与温暖环境	花白色，浆果球形，群花期5～10月；水景材料或观赏花卉
146	莲	*Nelumbo nucifera*	水生草本	莲科	喜光，喜肥沃塘泥	花色白、淡红、深红，花期6～8月；水景，观赏
147	中华萍蓬草	*Nuphar pumila subsp. sinensis*	水生草本	睡莲科	喜温暖、湿润气候，喜光，耐阴，对土壤要求不严	叶形奇特、花色艳丽；丛植、盆栽
148	香蒲	*Typha orientalis*	水生或沼生草本	香蒲科	喜高温、多湿气候，对土壤要求不严	叶绿穗奇；丛植
149	唐菖蒲	*Gladiolus gandavensis*	草本	鸢尾科	喜光性长日照植物，不耐寒，夏季喜凉爽气候，不耐过度炎热	鲜切花材料，也可布置花境及专类花坛
150	再力花	*Thalia dealbata* Fraser	水生草本	竹芋科	喜温暖水湿、阳光充足环境，不耐寒冷和干旱，耐半阴，在微碱性的土壤中生长良好	主要用于观赏和装饰水景
151	芦苇	*Phragmites australis*（Cav.）Trin.ex Steud.	水生植物	禾本科	生于江河湖泽、池塘沟渠沿岸和低湿地，繁殖能力强，形成连片的芦苇群落	造景，可用于池塘、沟渠或湿地种植观赏

145

续表

序号	植物名称	学名	种类	科名	生态习性	观赏特性及园林用途
152	花叶芦竹	*Arundo donax* 'Versicolor'	水生植物	禾本科	生长于河边、湖边，肥沃及排水好的砂壤土	庭园常引种作水边观叶植物
153	野生风车草	*Cyperus alternifolius*	水生植物	莎草科	喜温暖、湿润的环境，耐半阴。生长力很强，富有旺盛的萌发力	适宜种于河边、溪流、水际等处，也可布置花境、花坛等
154	梭鱼草	*Pontederia cordata* L.	挺水草本植物	雨久花科	喜温、喜阳、喜肥、喜湿、怕风不耐寒，静水及水流缓慢的水域中均可生长，适宜在20cm以下的浅水中生长	家庭盆栽、池栽，也可广泛用于园林美化，栽植于河道两侧、池塘四周、人工湿地
155	狐尾藻	*Myriophyllum verticillatum* L.	沉水草本植物	小二仙草科	喜无日光直射的明亮之处，其性喜温暖，较耐低温	适合室内水体绿化，当水族箱栽培时，常作为中景、背景草使用
156	水葱	*Schoenoplectus tabernaemontani*	水生植物	莎草科	最佳生长温度15～30℃，10℃以下停止生长，能耐低温	对污水中有机物、氨氮、磷酸盐及重金属有较高的除去率，水边观赏作用
157	飘香藤	*Mandevilla laxa*	常绿藤木	夹竹桃科	喜光，喜温暖、湿润环境	花大色艳；垂直绿化、盆栽
158	常春藤	*Hedera nepalensis* var. *sinensis*	常绿攀缘灌木	五加科	阳性，喜温暖、不耐寒，常绿	绿叶长青；攀缘墙垣、山石，盆栽
159	扶芳藤	*Euonymus fortunei*	常绿藤木	卫矛科	喜温暖、湿润气候，耐寒耐阴，不喜阳光直射	垂直绿化，丛植
160	紫藤	*Wisteria sinensis*	落叶藤木	豆科	喜光，耐干旱，畏水淹	花堇紫色，4月；攀缘棚架、枯树等
161	忍冬（金银花）	*Lonicera japonica*	半常绿藤本	忍冬科	喜光，适应性强，不择土壤	花色黄白，花量大；缠绕垂直绿化，盆栽
162	络石	*Trachelospermum jasminoides*	落叶藤本	夹竹桃科	喜光，喜温暖、湿润气候，中、酸性土壤	新叶有白、粉、红色斑块；盆栽、地被、垂直绿化
163	地锦	*Parthenocissus tricuspidata*	落叶藤本	葡萄科	喜阴湿环境，肥沃土壤	秋叶红色；垂直绿化
164	金竹（灰金竹）	*Phyllostachys sulphurea* (Carr.) A. et C. Riv.	竹类	禾本科	喜温凉气候	成片竹林、竹海不仅可用于观光旅游，还可作建筑用材
165	观音竹	*Bambusa multiplex* var. *riviereorum*	竹类	禾本科	中性，喜温暖、湿润气候，不耐寒	秆丛生，枝叶细密秀丽；庭园观赏，篱植
166	凤尾竹	*Bambusa multiplex* f. *fernleaf*	竹类	禾本科	中性，喜温暖、湿润气候，不耐寒	秆丛生，枝叶细密秀丽；庭园观赏，篱植

续表

序号	植物名称	学名	种类	科名	生态习性	观赏特性及园林用途
167	紫竹	phyllostachys nigra	竹类	禾本科	阳性，喜温暖、湿润气候，稍耐寒，亦耐阴	竹竿紫黑色；庭园观赏
168	刚竹	Phyllostachys sulphurea var. viridis	竹类	禾本科	阳性，喜温暖、湿润气候，稍耐寒	枝叶青翠；庭园观赏
169	黄槽竹	Phyllostachys aureosulcata McClure	竹类	禾本科	适应性较强，耐−20℃低温，在干旱瘠薄地，植株呈低矮灌木状	秆色泽美丽，庭院观赏
170	沿阶草	Ophiopogon bodinieri	地被植物	天门冬科	耐强光耐阴，耐寒，喜阴湿环境	观叶；地被、盆栽
171	金带子阔叶山麦冬	Liriope muscari 'Gold Banded'	地被植物	天门冬科	喜半阴，忌阳光直射，宜砂质土	叶形独特，叶色美丽；地被、盆栽
172	玉龙草	Ophiopogon japonicus 'Nanus'	地被植物	天门冬科	具有耐阴性强、耐践踏、较耐寒	护坡植物、庭院地被、花坛缘植，还可用来美化山坡、墙体，或成片种植在庭院观赏
173	吉祥草	Reineckea carnea	地被植物	天门冬科	喜温暖、湿润环境，较耐寒耐阴，对土壤的要求不高	叶色翠绿；地被
174	红花酢浆草	Oxalis corymbosa	多年生草本	酢浆草科	喜向阳、温暖、湿润的环境，抗旱能力较强，不耐寒	盆栽、地被、花坛
175	鸢尾	Iris tectorum	多年生草本	鸢尾科	喜光耐半阴，喜凉爽气候，耐寒性强，喜排水良好的肥沃、湿润土壤	花境、盆栽
176	葱莲	Zephyranthes candida	多年生草本	石蒜科	喜阳光充足、温暖湿润的环境，耐半阴，较耐寒，喜肥沃、带黏性而排水良好的土壤	花坛、花境、盆栽
177	美人蕉	Canna indica	多年生草本	美人蕉科	喜温暖、湿润气候，喜阳光充足，不择土壤，稍耐水湿，不耐寒	花境、盆栽
178	肾蕨	Nephrolepis cordifolia	常绿草本	肾蕨科	喜温暖、潮湿的环境，喜半阴，忌强光直射，对土壤要求不严	花境、盆栽
179	郁金香	Tulipa gesneriana	草本花卉	百合科	长日照花卉，喜阳、耐寒	观花，营造花海、花境
180	葡萄风信子	Muscari botryoides	草本花卉	天门冬科	喜冷凉，喜光照、微酸性土壤，耐寒，不耐炎热	观花，作地被、花境、盆栽
181	百合	Lilium brownii var. viridulum	草本花卉	百合科	喜凉爽干燥，喜光照	观花，作花境、盆栽
182	凤仙花	Impatiens balsamina	草本花卉	凤仙花科	喜光，怕湿，耐热、不耐寒	花形奇特，花色丰富；花坛、花境

续表

序号	植物名称	学名	种类	科名	生态习性	观赏特性及园林用途
183	落新妇	Astilbe chinensis	草本花卉	虎耳草科	喜半阴、湿润环境，耐寒，对土壤要求不严	花量大；花坛、花境
184	蜀葵	Alcea rosea	草本花卉	锦葵科	喜阳光充足，耐半阴，耐寒冷	花量大、花色艳丽；花境
185	红花苘麻	Abutilon roseum	草本花卉	锦葵科	喜温暖、湿润气候、对土壤要求不严	花大色艳；盆栽、花境
186	芍药	Paeonia lactiflora	草本花卉	芍药科	喜光，耐寒，喜土层深厚、湿润而排水良好的壤土	花大色艳；花境
187	韭莲	Zephyranthes carinata	草本花卉	石蒜科	喜光，耐半阴。喜温暖环境，耐旱抗高温	花大色艳；花境、盆栽
188	铁线莲	Clematis florida	草质藤本	毛茛科	喜肥沃、排水良好的碱性壤土	花大色艳；垂直绿化、盆栽

附录2 庭院景观工程质量控制表（仅供参考）

庭院景观工程（水电）施工材料质量控制表

工程项目：＿＿＿＿＿＿＿　日期：＿＿年＿＿月＿＿日　天气：＿＿＿＿＿ No.1

施工材料规格及简图：

检查项目		情况记录																				
1. U-PVC管	数量（长度）	1	2	3	4	5	6	7	8	9	10	11	12	13	14	15	16	17	18	19	20	平均
	质量	品牌				承压力				性能					其它							
2. 镀锌管	数量（长度）	1	2	3	4	5	6	7	8	9	10	11	12	13	14	15	16	17	18	19	20	平均
	质量	品牌				承压力				性能					其它							
3. 喷头（外观）		1	2	3	4	5	6	7	8	9	10	11	12	13	14	15	16	17	18	19	20	合格率
		1	2	3	4	5	6	7	8	9	10	11	12	13	14	15	16	17	18	19	20	合格率
		1	2	3	4	5	6	7	8	9	10	11	12	13	14	15	16	17	18	19	20	合格率
4. 增压泵		品牌				功率				扬程				流量				其它				
5. 潜水泵		品牌				功率				扬程				流量				其它				
6. 电缆线		品牌				性能				长度					其它							
		品牌				性能				长度					其它							
		品牌				性能				长度					其它							
7. 灯具合格率		1	2	3	4	5	6	7	8	9	10	11	12	13	14	15	16	17	18	19	20	合格率
8. 备注																							

施工班组：　　　　　　　　　　　　　质检员（签字）：

附注：各质检员必须按实、及时、详细记录（均抽样多点），当日情况及时上交存档。

庭院景观工程（喷灌）施工质量控制表

工程项目：_____   日期：___年___月___日   天气：_____ No.2

施工场地简图（需标注当日施工区域）：																					

检查项目	情况记录																				
1. 施工放线	设计与实际情况对比											原因									
2. 管沟规格	1	2	3	4	5	6	7	8	9	10	11	12	13	14	15	16	17	18	19	20	平均
3. 埋设管线																					
4. 回填管沟夯实程度	1	2	3	4	5	6	7	8	9	10	11	12	13	14	15	16	17	18	19	20	合格率
5. 喷头安装合格率	1	2	3	4	5	6	7	8	9	10	11	12	13	14	15	16	17	18	19	20	合格率
	1	2	3	4	5	6	7	8	9	10	11	12	13	14	15	16	17	18	19	20	合格率
	1	2	3	4	5	6	7	8	9	10	11	12	13	14	15	16	17	18	19	20	合格率
6. 喷灌覆盖率	1	2	3	4	5	6	7	8	9	10	11	12	13	14	15	16	17	18	19	20	覆盖率
7. 日工程量统计																					
8. 工时数统计																					
9. 备注	1—检查放线与设计误差；2—管沟标准：宽度×深度=20cm×50cm；3—检查管线接口；4—回填后浇水再加土压实，检查点以米为单位；5—地埋式喷头与地面相平，在灌木中喷头与灌木相平并垂直地面；6—以平方米为单位抽样检查																				
施工班组：	质检员（签字）：																				

附注：各质检员必须按实、及时、详细记录（均抽样多点），当日情况及时上交存档。

庭院景观工程（绿化）场地清理质量控制表

工程项目：_____ 日期：___年___月___日 天气：_____ No.3

施工场地简图（需标注当日施工区域）：

检查项目	情况记录																				
1.清除建筑垃圾																					
2.了解施工场地管线布置情况																					
3.清理后标高（与设计要求偏差）	1	2	3	4	5	6	7	8	9	10	11	12	13	14	15	16	17	18	19	20	平均偏差
4.清理后场地排水坡度（与设计要求偏差）	1	2	3	4	5	6	7	8	9	10	11	12	13	14	15	16	17	18	19	20	平均偏差
5.清场废料、垃圾处理																					
6.清场后周边卫生打扫情况																					
7.日工程量统计																					
8.工时数统计																					
9.备注	1—保证绿化场地符合设计要求；2—向甲方索取现场管线布置图并核实情况；3，4—用水准仪检测；5，6—清场后注意对周边环境的影响																				

施工班组：_____ 质检员（签字）：_____

附注：各质检员必须按实、及时、详细记录（均抽样多点），当日情况及时上交存档。

庭院景观工程（绿化）种植土检测质量控制表

工程项目：_____　　日期：___年___月___日　　天气：_____　No.4

施工场地简图（需标注当日施工区域）：																					

检查项目	情况记录																				
1. pH 分析	1	2	3	4	5	6	7	8	9	10	11	12	13	14	15	16	17	18	19	20	平均值
2. 土壤疏松程度																					
3. 土壤的团粒结构																					
4. 通气排水保肥能力																					
5. 土壤含碎石、杂草、杂物情况																					
6. 土壤肥力测定																					
7. 其他检测																					
8. 日工程量统计																					
9. 工时数统计																					
10. 备注	1—用 pH 试纸检测土壤酸碱度；2～6—采用观测、手感等方式取样检测																				

施工班组：　　　　　　　　　　　　　　　　质检员（签字）：

附注：各质检员必须按实、及时、详细记录（均抽样多点），当日情况及时上交存档。

庭院景观工程（绿化）种植土处理质量控制表

工程项目：_____　　日期：___年___月___日　　天气：_____ No.5

施工场地简图（需标注当日施工区域）：

检查项目	情况记录																				
1. 土壤消毒及酸碱度处理																					
2. 土壤去粗处理情况（表层15cm内 $D \geq 2cm$ 颗粒数/m²）	1	2	3	4	5	6	7	8	9	10	11	12	13	14	15	16	17	18	19	20	平均值
3. 绿化场地平整度（每 $50cm^2 \times 50cm^2$ 相对高差）	1	2	3	4	5	6	7	8	9	10	11	12	13	14	15	16	17	18	19	20	平均值
4. 绿化场地排水坡度（与设计要求比较）																					
5. 种植土的厚度（随机抽样取平均值）	1	2	3	4	5	6	7	8	9	10	11	12	13	14	15	16	17	18	19	20	平均值
6. 日工程量统计																					
7. 工时数统计																					
8. 备注	1—针对土壤特性采用相关解决办法；2—用目测法抽样检测；3—用水准尺抽样检测；4—用水准仪或水管检测；5—用 $\phi 12$ 螺纹钢签插取点检测																				

施工班组：　　　　　　　　　　　　质检员（签字）：

附注：各质检员必须按实、及时、详细记录（均抽样多点），当日情况及时上交存档。

庭院景观工程（绿化）苗木检测质量控制表

工程项目：_____ 日期：___年___月___日 天气：_____ No.6

检查项目	情况记录																					
1.苗木规格	1	2	3	4	5	6	7	8	9	10	11	12	13	14	15	16	17	18	19	20	平均值
2.苗木土球	1	2	3	4	5	6	7	8	9	10	11	12	13	14	15	16	17	18	19	20	平均值

苗木名称及设计规格（需标注当日施工区域）：

检查项目					
3.树形美观要求	树姿	树枝丰满度	造型	有无病虫害	其它
4.苗木防护	包装情况	有无折枝和损伤	土球保护措施	茎干草绳保护	其它

5.树木修剪	
6.苗木其它检查	
7.日工程量统计	
8.工时数统计	
9.备注	1，2—抽样检测；3，4—直接用目测法检查；5—必须符合修剪技术规范，如剪口平滑、不能有劈裂现象、枝条短截时应留外芽等

施工班组：　　　　　　　　　　　质检员（签字）：

附注：各质检员必须按实、及时、详细记录（均抽样多点），当日情况及时上交存档。

庭院景观工程（绿化）苗木单株种植质量控制表

工程项目：_____　　日期：___年___月___日　　天气：_____　No.7

苗木名称及种植设计要求（需标注当日施工区域）：																					

检查项目	情况记录																				
1. 种植穴、槽的规格	1	2	3	4	5	6	7	8	9	10	11	12	13	14	15	16	17	18	19	20	平均
2. 栽植深度	1	2	3	4	5	6	7	8	9	10	11	12	13	14	15	16	17	18	19	20	平均
3. 浇水围堰处理	1	2	3	4	5	6	7	8	9	10	11	12	13	14	15	16	17	18	19	20	合格率
4. 栽后定根水浇灌情况	1	2	3	4	5	6	7	8	9	10	11	12	13	14	15	16	17	18	19	20	合格率
5. 苗木栽植的稳定性	1	2	3	4	5	6	7	8	9	10	11	12	13	14	15	16	17	18	19	20	合格率
6. 苗木垂直度	1	2	3	4	5	6	7	8	9	10	11	12	13	14	15	16	17	18	19	20	合格率
7. 种植角度美观性	1	2	3	4	5	6	7	8	9	10	11	12	13	14	15	16	17	18	19	20	合格率
8. 苗木成活率（1个月后）	1	2	3	4	5	6	7	8	9	10	11	12	13	14	15	16	17	18	19	20	合格率
9. 苗木栽植后整体效果																					
10. 日工程量统计																					
11. 工时数统计																					
12. 备注	1～2—抽样检测实际尺寸规格，种植深度应与原种植线一致，竹类可比原种植线深5～10cm；3～8—通过目测直接抽样检查是否合格，并以"√""×"区别																				

施工班组：	质检员（签字）：

附注：各质检员必须按实、及时、详细记录（均抽样多点），当日情况及时上交存档。

庭院景观工程（绿化）苗木模纹种植质量控制表

工程项目：_____　　日期：___年___月___日　　天气：_____　No.8

苗木名称及种植设计要求（需标注当日施工区域）：																					
检查项目	情况记录																				
1. 施工放线与设计要求对比																					
2. 栽植深度	1	2	3	4	5	6	7	8	9	10	11	12	13	14	15	16	17	18	19	20	合格率
3. 栽植顺序																					
4. 栽植密度/（株/m²）	1	2	3	4	5	6	7	8	9	10	11	12	13	14	15	16	17	18	19	20	合格率
5. 树木平整度情况																					
6. 栽后定根水浇灌情况	1	2	3	4	5	6	7	8	9	10	11	12	13	14	15	16	17	18	19	20	合格率
7. 苗木栽植后整体效果																					
8. 苗木成活率（1个月后）	1	2	3	4	5	6	7	8	9	10	11	12	13	14	15	16	17	18	19	20	合格率
9. 日工程量统计																					
10. 工时数统计																					
11. 备注	1—按实际情况记录；2—检测土球、根系是否外露；3—参照技术规范；4—按平方米抽样检查；5—目测苗木栽后平整情况；6—用棍棒插孔抽样检测；7—检查模纹造型、线条整体效果是否符合设计要求；8——个月后按平方米抽样检测成活率																				

施工班组：　　　　　　　　　　　　　　　质检员（签字）：

附注：各质检员必须按实、及时、详细记录（均抽样多点），当日情况及时上交存档。

庭院景观工程（绿化）铺植草坪种植质量控制表

工程项目：_____　　日期：___年___月___日　　天气：_____　No.9

草皮名称及种植设计简图（需标注当日施工区域）：

检查项目	情况记录																				
1.含杂草情况（要求≤5棵/m²）	1	2	3	4	5	6	7	8	9	10	11	12	13	14	15	16	17	18	19	20	百分率
2.草皮土层厚度（1～1.5cm）	1	2	3	4	5	6	7	8	9	10	11	12	13	14	15	16	17	18	19	20	平均
3.草皮铺植间距	1	2	3	4	5	6	7	8	9	10	11	12	13	14	15	16	17	18	19	20	平均
4.铺植后平整度（每平方米最大高差）	1	2	3	4	5	6	7	8	9	10	11	12	13	14	15	16	17	18	19	20	平均

5.日工程量统计	
6.工时数统计	
7.备注	1—按平方米抽样检查；2—随机抽样检查；3—要求草坪铺植整齐并保证覆盖率；4—滚压后按平方米抽样检查高差

施工班组：	质检员（签字）：

附注：各质检员必须按实、及时、详细记录（均抽样多点），当日情况及时上交存档。

庭院景观工程（绿化）喷播草坪种植质量控制表

工程项目：_____　　日期：___年___月___日　　天气：_____　　No.10

草种名称及种植设计简图（需标注当日施工区域）：

检查项目	情况记录																				
1. 草种配比																					
2. 草种情况	纯净度					发芽率 /%					有无病虫害情况					其它					
3. 喷播辅助材料配比																					
4. 喷播均匀度																					
5. 无纺布覆盖是否合格	1	2	3	4	5	6	7	8	9	10	11	12	13	14	15	16	17	18	19	20	合格率
6. 成坪效果（1个月后）	1	2	3	4	5	6	7	8	9	10	11	12	13	14	15	16	17	18	19	20	覆盖率
7. 每平方米灌木株数	1	2	3	4	5	6	7	8	9	10	11	12	13	14	15	16	17	18	19	20	平均
8. 日工程量统计																					
9. 工时数统计																					
10. 备注	1，3—严格按照设计要求配比；2—施工前进行草种各项试验；4——般按 1000m²/车喷播，喷播后检查是否均匀；5—检查无纺布覆盖率及稳固情况；6—按每平方米抽样检查草坪覆盖率；7—随机抽样检查每平方米灌木数																				

施工班组：　　　　　　　　　　　　　　　　质检员（签字）：

附注：各质检员必须按实、及时、详细记录（均抽样多点），当日情况及时上交存档。

庭院景观工程（绿化）养护质量控制表

工程项目：_____　日期：___年___月___日　天气：_____　No.11

施工场地简图：																					
检查项目	情况记录																				
1.苗木有无缺水现象	1	2	3	4	5	6	7	8	9	10	11	12	13	14	15	16	17	18	19	20	合格率
2.绿化地湿度检测	1	2	3	4	5	6	7	8	9	10	11	12	13	14	15	16	17	18	19	20	合格率
3.植物生长肥力反映情况	叶片颜色							根系有无腐烂现象							其它						
4.有无病害																					
5.有无虫害																					
6.有无采取防寒或遮阴措施																					
7.除杂情况																					
8.日工程量统计																					
9.工时数统计																					
10.备注	1—检查苗木叶片有无蔫萎现象；2—用干棍棒插孔抽样检测土壤湿度。3～7—多观察，及时发现问题、并采取相应解决方法																				
施工班组：											质检员（签字）：										

附注：各质检员必须按实、及时、详细记录（均抽样多点），当日情况及时上交存档。

附录 3 景观绿化工程施工组织设计示范案例

本附录以黄石站前大道延伸段（金山大道）道路景观绿化工程第三标段施工组织设计为例。

1 编制依据、指导思想及管理目标

1.1 本施工组织设计的编制依据

（1）工程招标文件及答疑纪要。
（2）工程招标单位提供的施工图。
（3）国家及地方现行的有关技术规范及技术标准，施工及验收规范，工程质量评定标准及操作规程，主要目录如下：

CJJ 82—2012 《园林绿化工程施工及验收规范》；
CJ/T 23—1999 《城市园林苗圃育苗技术规程》；
DB440300/T 8—1999 《园林绿化施工规范》；
GB 50300—2013 《建筑工程施工质量验收统一标准》；
GB 50202—2018 《建筑地基基础工程施工质量验收标准》；
GB 50204—2015 《混凝土结构工程施工质量验收规范》；
GB 50205—2020 《钢结构工程施工质量验收标准》；
GB 50206—2012 《木结构工程施工质量验收规范》；
GB 50210—2018 《建筑装饰装修工程质量验收标准》；
JGJ 59—2011 《建筑施工安全检查标准》；
JGJ 46—2005 《施工现场临时用电安全技术规范》。

1.2 指导思想

针对本工程的特点，结合本公司的实际情况，以"精心组织，科学管理，技术先进，求实守信，创优夺标"为指导思想，以合同为依据，运用项目法进行施工组织、管理，充分发挥公司集团优势，以质量为中心，按国家相关法规标准建立质量保证体系，并根据投标前的项目管理规划大纲精心组建施工现场项目经理部，充分利用公司的技术和地域优势，优质、安全、高速、圆满完成该工程的施工任务。

1.3 管理目标

在市场竞争日益激烈的环境条件下，工程质量是企业的生命和灵魂。项目部严格按质量管理体系标准，科学管理、精心组织、精细施工，充分发挥公司的技术优势，确保实现下列目标：

（1）质量目标：确保工程质量合格达标；单位工程质量验收合格率100%；工程合同工期履约率100%。

(2)工期目标：根据招标文件在保证质量和安全的前提下，确保工期。
(3)安全施工目标：确保合格，采取有效的安全防护措施，实现安全责任事故率为零。
(4)文明施工目标：确保合格。

2　工程概况及特点

2.1　工程名称

黄石站前大道延伸段（金山大道）道路景观绿化工程第三标段。

2.2　建设单位

黄石磁湖高新科技发展有限公司。

2.3　设计单位

上海唯美景观设计工程有限公司。

2.4　工程概况

黄石站前大道延伸段（金山大道）道路景观绿化工程第三标段，工程编号：S07016-JSDD-C，是黄石金山大道A9—A21段道路绿化景观工程（桩号K2+580—K5+600），其施工范围包括绿化、人行道铺装、园林小品、土方挖填、给排水安装等施工任务。

2.5　工程特点

(1)工程内容分为绿化、人行道铺装、园林小品、土方挖填、园林给水安装等，由于是新建道路，要求施工过程中注意安全和环境保护，安全施工，文明施工，并加强对各个方面的管理和沟通协调，避免造成不良影响。
(2)工期较短，为春夏交接之季施工，雨水较多，施工期间要合理安排施工工序。

3　施工组织设计

3.1　施工准备

施工准备的基本任务是为拟建工程的施工建立必要的技术和物质条件，统筹安排好施工力量和施工现场。认真做好施工准备工作，对于发挥企业优势，合理供应，加快施工速度，提高工程质量，降低工程成本，增加企业竞争力，提高企业管理水平具有重要的意义。

本工程工作量较大，工期较紧，质量要求高。为此，提前做好前期各项技术准备工作显得十分重要。施工准备涉及以下几方面。

3.1.1　技术准备

(1)成立项目技术工作领导小组，明确领导班子、生产技术人员、材料供应人员、后勤保卫人员及施工队伍等的任务。

（2）调查有关施工现场的水文、地形、地貌、原有树林等原始材料，调查施工季节气候、气象等信息。组织工程技术人员熟悉施工图纸，充分了解设计意图，对图纸上存在的问题、错误进行汇总。

（3）在业主的组织下进行图纸会审，做好记录，办理图纸会审纪要。

（4）组织相关人员编制施工组织设计，确定主要分部分项工程的施工方法，完成施工组织设计的审批工作。完善施工方案、组织，做好技术交底和安全交底工作。

（5）对施工重点、难点部位，进行研讨，并结合现场实际情况采取有效措施。

（6）负责编制材料、机械、半成品和劳动力需用计划。

（7）制定项目各项管理制度，编制施工作业指导书。

（8）进行分层次的技术、安全、质量、文明施工、现场管理制度交底。

（9）做好施工图纸预算编制，提出资源计划。

（10）收集与工程有关的规范、规程、标准。

（11）负责工程竣工资料的收集、整理，监督工程设计变更的实施。

3.1.2 物资准备

（1）根据设计图纸和招标文件拟定工程苗木和其他材料的采购计划。开工前对大宗材料、特殊材料应事先联系好供货商，并对其社会声誉、材料质量、价格和供应情况进行了解比较，逐一落实。

（2）苗木的准备。按照种植设计所要求的苗木质量、种类、规格和数量确定苗木来源，制订起苗、运输和栽植计划。

（3）进场材料必须经过监理公司人员，并按规划位置分类堆放，且落实防盗、防火等安全措施。未经监理人员许可不得擅自采用。

（4）所有进场施工机械必须在使用前进行检查、维修，确保完好无损，随时处于待命状态。经有关部门检查验收后，才能获准进入现场。

3.1.3 人力资源准备

（1）建立工程项目的领导机构。

（2）建立精干的施工队。

（3）集结施工力量、组织劳动力进场，向施工队伍、工人进行施工组织设计、计划和技术交底。针对不同工程，把工程设计的内容、施工计划和施工技术要求详尽地向工人讲解。要求工人在交底后，弄清关键部位、技术标准、安全措施和操作要领，必要时进行示范。

（4）建立、健全各项管理制度。内容主要包括：工程质量检查与验收制度；工程技术档案管理制度；建筑材料及植物材料的检查验收制度；技术责任制度；施工图纸学习与会审制度；技术交底制度；职工考勤、考核制度；工地及班组经济核算制度；材料出入库制度；安全操作制度；机具使用保养制度；等等。

3.1.4 施工现场准备

（1）进场后会同业主、监理进行现场坐标点、水准点的交接工作，并做好保护措施，对建筑物进行定位放线，并做好施工场地的控制网测量。

（2）搭设施工临时设施，布置施工用水、用电管线，修临时围墙，标示"五牌一图"等。

（3）做好"三通一清"。确保现场水、电、道路畅通。清理施工场地，去除杂草、建筑垃圾等施工障碍物。

（4）安装调试施工机具，确保设备合格、受控。

3.2 施工组织部署

3.2.1 施工管理机构

为了高质量、高速度完成本工程，公司组建了如附图3-1所示的项目部，力争把本工程建成公司样板工程。项目经理负责全盘工作；施工员负责具体施工，安排好各作业队的施工工作并写好施工日志，负责协调好与当地居民的关系及其他日常工作，确保施工人员及设备的安全；预算员配合财务部合理调配资金，以确保合同工程的完成；材料员保证各种材料的及时供给，作为全体施工人员后勤保障；技术部（质检员、资料员、安全员）确保工程质量，做好计量工作，以及安装质量记录，在质量方面有一票否决权。

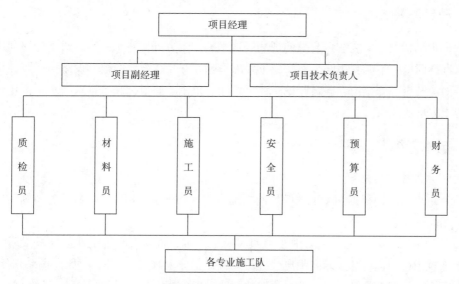

附图3-1 施工现场管理机构

3.2.2 施工程序

为了确保工程能顺利进行，便于各专业班组交叉作业，将各区分别作为一个流水段：道路铺筑作为一个流水段；园路广场铺装作为一个流水段；园林小品作为一个流水段；苗木栽植作为一个流水段。各流水段以普工、泥工、木工、钢筋工、油漆工、绿化工为主，其他工种按照工作量需要随时配备人员。

本工程施工安排程序是：依照先地下、再地上，先结构、后装饰，先整场、再种植，先围护、后砌筑的原则，结合施工现场特点及工期要求施工。

主要施工流程、方法、技术措施：略。

4 绿化栽植工程的技术措施

绿化栽植施工中遵循先平场整土，后乔木，再灌木，再色块，最后草坪的原则。本工程为平行顺序交叉作业，工程分为9个阶段施工：测量、放线、绿地整理、挖树穴、栽植乔木、栽植灌木、栽植色块、铺设草坪、养护管理。可以归纳总结为三个阶段：测量及放线、绿地整理、苗木栽植及养护。

主要施工方法如下：

4.1 测量及放线

根据本工程场地特点和工程情况，主要测量仪器和工具有：DJ2光学经纬仪1台，DS3光学水准仪1台，50m钢卷尺2把，5m钢卷尺4把。

根据施工平面图及实际踏勘情况，我们在施工区布设两级控制网对施工区进行控制，即先布设一级控制网对施工区进行整体控制，再以一级控制为依据布设二级控制网，以满足施工分区的细部施工测量。做好施工场地的控制网测量，了解工程地下管网、电缆线及地下埋设物，落实现场永久性坐标桩、水准点、水电接口、测量控制网的情况。

4.2 绿地整理

根据现场情况，研究制订合理的现场场地平整、土方开挖施工方案，对于能够利用的土方可以选择回填，不能利用的土方按施工要求清除，并且在需要的地方设立挡土墙；绘制施工总平面图和土方开挖图，确定开挖路线、顺序、范围、底板标高、排水沟水平位置，以及挖去的土方堆放地点。

4.3 苗木栽植及养护

4.3.1 乔木的施工方法

（1）定点放线：根据图纸上的标尺网格确定树木的纵横坐标尺寸，再按此位置用皮尺量在现场相应的位置。

（2）种植穴：以所定灰点为中心沿四周向下挖坑，坑的大小依土球规格及根系情况而定。土球置于坑中，坑与土球间距离（缝隙）应比土球大16～20cm。应保证根系充分舒展，坑的深度应比土球高度深10～20cm。坑的开头一般宜用圆形，且须保证上下径大小一致。

（3）除瓦砾、放基肥：挖穴后，发现瓦砾多或土质差，必须清除瓦砾垃圾，换新土。根据土质情况和植物生长特点施加基肥，基肥必须与泥土充分拌匀。

（4）乔木的起掘。

① 选苗：苗木要求杆形通直，分叉均匀，树冠完整、匀称；茎体粗壮，无折断折伤，树皮无损伤，土球完整，无破裂或松散；无病虫害。

② 起苗时间：起苗时间在苗木休眠期，并保证栽植时间与起苗时间紧密配合，做到随起随栽。

③ 起苗方法：土壤干燥起苗前1～3d应适当淋水使泥土松软。起苗要保证苗木根系完整；一般土球直径为胸径的7～10倍，土球的高度是土球直径的2/3。

（5）乔木的修剪、运输。

① 苗木修剪：种植前，应对苗木进行适度修剪。修剪时应遵循树木自然形态的特点和生物学特性，在保持基本形态的前提下剪去枯枝、病弱枝、徒长枝、重叠或过密的枝条，并

适当修剪。

② 苗木运输：苗木的装车、运输、卸车等各项工序，应保证树木树冠、根系、土球的完好，不应折断树枝、擦伤树皮或损伤根系。

(6) 乔木的栽植。

① 回填底部种植土：以拌有基肥的土为树坑底部种植土，使穴深与土球高度相符，尽量避免深度不符合要求及来回搬动。

② 摆放苗木：将苗木土球放到穴内，把生长势好的一面朝向主视方，竖直看齐后填土固住土球，再剪除包装材料。

③ 填土捣实：在接触根部的地方应铺放一层没有拌肥的干净植土。填入好土至树穴的一半时，用木棍将土球四周的松土捣实，然后继续用土填满种植沟并捣实，使土均匀、密实地分布在土球的周围。

④ 浇定根水、立支架：栽植后，必须在当天浇透定根水。种植后为了保证苗木的正常生长，防止倒伏，要采取下列措施：对乔木进行草绳绕树干操作以减少水分流失；采用毛竹三角撑进行支撑。

(7) 非种植季节种植，应采取以下措施：

① 苗木应提前采取修枝、断根或用容器假植处理。

② 对移植的落叶树必须采取强修剪和摘叶措施。

③ 选择当日气温较低时或小阴雨天进行移植，一般可在下午五点以后移植。各工序必须紧凑，尽量缩短暴露时间，随掘、随运、随栽、随浇水。

④ 夏季移植后可采取搭凉棚、喷雾、降温等措施。

4.3.2 灌木、色块的施工方法

(1) 定点放线应以图纸为准。每隔 5 株钉一木桩作为定点和种植的依据。定点时如遇电杆、管道、涵洞、变压器等障碍物必须躲开。

(2) 灌木、色块的起掘。

① 选苗：要求冠幅完整、匀称、符合规格；土球完整，无破裂或松散；无检疫对象的病虫害。特殊形态苗木要符合设计要求。

② 起苗时间：起苗时间宜选在下午 4 点后，晚上运输，保证栽植时间与起苗时间紧密配合，做到随起随栽。

③ 起苗方法：如土地干燥，起苗前 1~3d 应当淋水使泥土松软，起苗要保证苗木根系完整。裸根起苗应尽量多保留根系和宿土；若掘出后不能及时运走栽植，应进行假植，带土球苗木起苗应根据气候及土壤条件决定土球规格。土球应严密包装，打紧草绳，确保土球不松散、底部不漏土。

(3) 灌木、色块的栽植。

① 回填底部种植土：以拌有基肥的土为底部种植土，在接触根部的地方应铺放一层没有拌肥的干净种植土，使沟深与土球高度相符。

② 排放苗木：将苗木排放在沟、穴内，土球较小的苗木应拆除包装材料再放入沟内；土球较大的苗木宜先排放沟内，把生长姿势好的一面朝视面竖直看齐后垫土固定土球，再剪除包装材料。

③ 填土捣实：填入好土至树穴的一半时，用木棍将土球四周的松土捣实后继续用土填满种植沟并捣实。

④ 浇定根水：栽植后，必须在当天对灌木浇透定根水。

4.3.3 铺设草坪的施工方法

（1）场地准备：场地准备工作的好坏直接影响草坪的品质。场地的准备一般包括土壤准备与处理、杂草灭除、坪床平整、设置排灌系统、施肥等工作。

① 土壤准备与处理：建植地表面以下25cm土壤，要彻底清除杂草根、甲虫、虫卵、碎石等异物。

② 杂草灭除：耕翻土地时用人工拣除和用化学方法在播种前进行灭杂。常用除草剂有草甘膦、五氯酚钠，分别为内吸型和触杀型，可杀灭多年生和一年生杂草，每亩用量250mL。

③ 坪床平整：坪床平整工作分粗平整和细平整两步进行。粗平整是在场地施肥并深翻后，即应将场地予以粗平整。粗平整时，应将标准杆钉在固定的坡度水平之间，使整个坪床保持良好的水平面，然后铲除高出的部分，添填低洼部分，填方时应考虑到填土的下陷问题，细土通常下沉15%～20%。

④ 设置排灌系统：根据所选草坪草种、草坪的利用目的、对灌溉的要求及经济实力，选定灌溉方式，确定应用的灌溉系统。如作为国际比赛用的足球场，以自来水为灌溉水源，最好选用移动式喷灌；高尔夫球场，以自然水源为主，自来水为补充，果岭、发球台与球道最好选用喷灌，可用固定式，也可用移动式。其余场区，则视经济实力选择固定喷灌、浇灌或漫灌。草坪的排水方式以地面排水为主，其次为沟渠和管道排水方式。

⑤ 施肥：由于成坪后不可能再在土壤的根区大量施肥，而土壤的质地与肥力好坏直接影响到草坪草的根系生长与发育，从而又影响到建成草坪的质量与寿命。因此在建坪前应施入足够的有机肥，保证草坪的正常生长和长效性。有机肥必须是经过充分沤熟的粪肥以防止将杂草种子和病虫源带入土壤，每平方米有机肥的用量为10kg，使肥料与土壤充分混匀，播种前可施入无机复合肥、磷肥每亩各20kg与表层土壤充分混匀。

（2）满铺草坪。本工程选用的满铺草坪的草种类是马尼拉，种植后每天浇水至新草芽萌生时，视天气情况和土壤湿度定浇水次数。发现草坪出现黄斑等病毒植株，一定要尽早清除，以免造成病毒扩散。草坪种植后10d开始人工拔除杂草，一般过10d再拔一次（视杂草生长情况），当草坪长到10～15cm时，用剪草机剪草。刈剪去的部分一定要在刈剪前草坪高度的1/3以内，一是美观，二是能刺激新芽萌生，增长草坪寿命。

4.3.4 养护管理

本工程总体质量目标为合格，二级养护一年。是否精心组织，全面管理，也是本工程能否成功的关键。

（1）树木管理。

新栽树木成活率98%。树木生长良好，保持树木自然特征，无明显歪斜（造型植物除外），无牵绳挂物。整形修剪，保持树木整齐美观。及时对未成活苗木进行换植和补栽。

（2）绿地管理。

植物生长茂盛，土壤平整，基本无杂草，无积成垃圾，无明显缺株，无渍水及旱象。

（3）病虫害防治。

植物病害无明显危害迹象，食叶性害虫不超过10%，蛀干性害虫不超过5%。

（4）组织措施。

① 本工程保活养护工作由项目经理负责，纳入项目经理业绩考核项目，具体保活养护工作由公司专业养护队承担。

② 保活养护期间，常驻工地进行日常养护的工人数不少于4人，集中养护期间（如修剪、病虫害防治、除草）不少于10人。

（5）技术措施。

① 工程完工后由项目经理、施工员和质检员向养护队负责人和技术人员进行保活和养护技术交底，确保施工期和保活养护期无缝交接。

② 保证养护机械的数量、质量和人员到位。

③ 高度重视植物病虫害防治工作。植保工程师定期对工程现场苗木病虫害情况进行监测，并向项目经理提交监测报告，提出防治方案。

④ 建立预报告制度，保活养护期间的苗木一旦出现苗木存活困难的苗头，及时采取技术措施，量多的要制订解决方案。

⑤ 对未存活的苗木或虽然存活但质量达不到要求的苗木要及时更换。

⑥ 有针对性地对养护工人，特别是养护工长进行技术培训，使养护工人对养护苗木的特性有较多的理解，使养护工人掌握养护苗木常见养护问题的解决方法。

（6）养护管理方案。本工程按二级养护执行。

① 乔木的养护管理。

乔木养护管理的标准是生长良好，枝叶健壮，树形美观，上缘线和下缘线整齐，修剪适度，无死树缺株，无枯枝残叶，景观效果良好。

a. 生长势：生长势较强，生长量达到该树种该规格平均年生长量；枝叶健壮，无枯枝残叶。

b. 修剪：考虑每种树的生长特点如叶芽、花芽分化期等，确定修剪时间，避免把花芽剪掉，使花乔木适时开花；乔木整形效果要尽量与周围环境协调。

c. 灌溉：根据不同生长季节的天气情况、不同植物种类和不同树龄适当浇水，并要求在每年的春、秋季重点施肥1～3次。

d. 补植：及时清理死树，在可种植季节内补植回原来的树种并力求规格与原有的树木接近，以保证良好的景观效果。补植要按照树木种植规范进行，施足基肥并加强浇水等保养措施，保证成活率达95%。

e. 病虫害防治：及时做好病虫害的防治工作，以防为主，精心养护管理，增强植物抗病虫能力，经常检查，早发现早治理。

② 灌木和色块植物养护管理。

灌木和色块植物养护管理的标准是生长良好，花繁叶茂，造型美观，修剪适度，无死树缺株，无枯枝残叶，景观效果良好。

a. 生长势：生长势中等，生长量达到该种类该规格的平均年生长量；萌蘖及枝叶生长正常，叶色较鲜艳，无枯枝残叶，植株基本整齐。花卉适时开花，花坛轮廓完整，无残缺，绿篱无断层。

b. 修剪：考虑每种植物的生长发育特点，做到既造型美观，又能使植物适时开花；花灌木和草本花卉必须在花芽分化前进行修剪，以免将花芽剪除；绿篱和花坛整形要符合造景要求。

c. 灌溉、施肥：根据植物的生长和开花特性进行合理灌溉和施肥。在雨水缺少的季节，每天的浇水量要求不低于该种类该规格的蒸腾量。肥料不能裸露，可采用埋施或水施等不同方法，埋施要先挖穴或开沟，施肥后要回填土、踏实、淋足水、整平。一般可结合除草松土进行施肥。

d. 除杂草：经常除杂草和松土，除杂松土要保护根系，以浅耕为主，不能伤根及造成根系裸露，更不能造成黄土裸露。

e. 补植：及时清理死苗，在适当天气和季节补植回原来的种类并力求规格与原来的植株接近，以保证良好的景观效果。补植要按照种植规范进行，施足基肥并加强淋水等，保证成活率达95%以上。

f. 病虫害防治：及时做好病虫害的防治工作，以防为主，精心养护管理，使植物增强抗病虫能力，经常检查，早发现早处理。

③ 草坪建成后的常年养护管理。

养护管理的主要内容包括：修剪、施肥、灌水。

a. 修剪：草坪的修剪是草坪管理措施中的一个重要环节。草坪只有通过修剪，才能保持一定的高度和平整洁净的外观。草坪草的修剪应遵循1/3的原则，一般适宜留草高度为3～5cm，并且当草坪草生长到约8cm时要及时修剪。

b. 施肥：施肥是草坪养护培育的重要措施，适时的施肥能为草坪提供生长发育所需养料，改善草坪质地和持久性。已建成草坪每年施肥2次，于早春与早秋进行。3～4月施早春肥可使草坪草提前2周左右发芽、提前返青，还可使冷季型草坪草在夏季一年生杂草萌生之前恢复损伤与生长，加厚草皮，对杂草起抑制作用。8～9月的早秋肥不仅可延长青绿期至晚秋或早冬，有助于草坪的越冬，还可促进第二年生长和新分蘖枝根茎的生长。建成草坪的施肥多为全价肥，即含有N、P、K的无机肥，常用的有硝酸铵、硫酸铵、过磷酸钙、硫酸钾、硝酸钾等。施肥宜淡不宜浓，以免灼伤草坪。

c. 灌水：草坪草组织含水量达80%以上，水分含量下降就会产生萎芽，下降到60%时就会导致草坪死亡。黄昏是灌水的最佳时间，灌水量多少以耗水量而定。

5 确保工程质量的技术组织措施

5.1 工程质量目标

（1）确保工程质量合格；
（2）符合《园林绿化工程施工及验收规范》的要求；
（3）工程质量符合国家及地方相关法规及规范的要求。

5.2 确保工程质量的组织技术措施

本工程是道路景观工程，难点是：物资和人员的合理安排、调配及使用问题。重点是：本工程的景观效果至关重要，设计的规格和要求比较高，要求我们从选苗、施工到养护严把质量关,保证安全、文明施工,严格控制工期。

5.2.1 组织措施

建立施工项目质量保证体系,落实各种质量保证制度,主要包括:

(1)职责明确的分工制度。

按照公司质量保证体系进行项目经理部质量职能分配,根据确定的项目管理目标,精心挑选各级管理人员,成立"黄石站前大道景观绿化工程施工项目部",建立以项目经理为核心的管理体系,对工程质量、进度、安全文明施工进行科学化管理,对项目综合效益全面负责,并保证项目质量管理工作符合ISO9000标准,符合公司《质量手册》《质量体系》要求。各职能部门分工明确、横向协作,各业务岗位工作职责具体化、规范化,做到职责到位,接口严密。项目经理、技术负责人、施工员、质检员、材料员均严格按照分工做好本环节的质量控制及管理工作(附图3-2)。

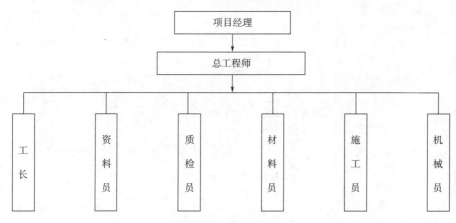

附图3-2 质量保证体系

(2)技术交底制度。

坚持以技术进步来保证施工质量的原则。针对工程编制有针对性的作业指导书。每个工种、每道工序施工前要组织进行各级技术交底,包括项目工程师对工长技术交底,工长对班组长技术交底,班组长对作业班组技术交底。因技术措施不当或交底不清而造成质量事故的要追究有关部门和人员的责任。

(3)苗木及材料进场检验制度。

本工程的苗木、材料需具备相关合格证,经监理工程师认可,并根据国家规范要求分批分量进行抽检,抽检不合格的苗木及材料一律不准使用。因使用不合格苗木及材料而造成的质量事故要追究验收人员的责任。

5.2.2 技术措施

(1)质量管理:每天召开现场协调会、调动会、碰头会,每周召开总结会,及时解决实际问题,随时同建设单位、监理单位保持联系,严格按照设计图纸规范化施工,把好每道工序的衔接关,健全"三检四查"制度。

(2)进度管理:进度管理方面采取严格的目标管理与阶段目标相结合的方法,总进度控制阶段进度,阶段进度控制月进度,周进度定期检查,发现问题及时调整。

(3) 具体技术措施略。

(4) 针对本工程的重点,为了保证工程景观效果,特详细制定"苗木养护工作月历表"(附表3-1),并长期监督检查实际执行情况。

附表3-1 苗木养护工作月历表

时间	工作内容	主要措施
1—2月	1. 病虫害防治; 2. 整形修剪; 3. 设置养护人员	1. 贯彻"预防为主,综合治理"的防治方法,严禁使用剧毒化学药剂、有机汞农药,重点防治; 2. 整形修剪以整形为主,根据树势情况可重剪或轻剪,主要剪去徒长枝、病虫枝、下垂枝、扭伤枝及枯枝; 3. 养护人员6~8人
3—4月	1. 补栽; 2. 设置养护人员	1. 对造林地带枯死、人为破坏等不发芽的苗木及时挖取,并原地及时补栽,同时加强养护管理,确保苗木成活; 2. 养护人员6~8人
5月	1. 补栽; 2. 浇水; 3. 设置养护人员	1. 对绿化地带枯死、人为破坏等不发芽的苗木及时挖取,并原地及时补栽,同时加强养护管理,确保苗木成活; 2. 视天气状况适时浇水抗旱; 3. 养护人员6~8人
6月	1. 浇水抗旱; 2. 施肥; 3. 中耕除杂草; 4. 病虫害防治; 5. 设置养护人员	1. 视天气状况适时浇水抗旱; 2. 中耕除杂草一次; 3. 贯彻"预防为主,综合治理"的防治方法,严禁使用剧毒化学药剂、有机汞农药,重点防治; 4. 在雨季节来临之前挖好排水沟; 5. 养护人员6~8人
7月	1. 浇水抗旱; 2. 中耕除杂草; 3. 设置养护人员	1. 视天气状况适时浇水抗旱; 2. 中耕除杂草一次; 3. 养护人员6~8人
8月	1. 浇水抗旱; 2. 施肥; 3. 中耕除杂草; 4. 设置养护人员	1. 视天气状况适时浇水抗旱; 2. 中耕除杂草一次; 3. 施用复合肥一次; 4. 养护人员6~8人
9月	1. 浇水抗旱; 2. 中耕除杂草; 3. 病虫害防治; 4. 设置养护人员	1. 视天气状况适时浇水抗旱; 2. 中耕除杂草一次; 3. 贯彻"预防为主,综合治理"的防治方法,严禁使用剧毒化学药剂、有机汞农药,重点防治; 4. 养护人员6~8人
10月	1. 浇水抗旱; 2. 中耕除杂草; 3. 设置养护人员	1. 视天气状况适时浇水抗旱; 2. 中耕除杂草一次; 3. 养护人员6~8人
11月	1. 施肥; 2. 中耕除杂草; 3. 补栽; 4. 设置养护人员	1. 中耕除杂草一次; 2. 施复合肥; 3. 对造林地带枯死、人为破坏等不发芽的苗木及时挖取,对原有的及时补栽,同时加强养护管理,确保苗木成活; 4. 养护人员6~8人

续表

时间	工作内容	主要措施
12月	1. 病虫害防治； 2. 整形修剪； 3. 培土防冻； 4. 设置养护人员	1. 贯彻"预防为主，综合治理"的防治方法，严禁使用剧毒化学药剂、有机汞农药，重点防治； 2. 整形修剪以整形为主，根据树势情况可重剪或轻剪，主要剪去徒长枝、病虫枝、下垂枝、扭伤枝及枯枝； 3. 对新植苗木采取必要的培土防冻措施； 4. 养护人员6～8人

5.3 工程质量的控制措施

5.3.1 事前控制

进行质量意识的教育，使项目全体人员树立"百年大计，质量第一"的思想。组织有关人员学习、领会园林景观工程建设相关规定，增强贯彻的自觉性。制定现场的质量管理制度。项目技术负责人组织有关技术人员熟悉、阅读图纸，参加业主主持的图纸会审。通过参加设计交底，技术人员应准确领会设计意图。

根据本工程的特点确定施工流程、工艺及方法。检查现场的建筑物的定位线及高程水准点等。完善计量及质量检测技术和手段，熟悉各项检测标准。编制对原材料、半成品、构配件质量进行检查和控制的计划。对不合格品的预防制订相应措施。在具体的工序施工前，责任工长负责向施工班组进行施工技术、质量、安全、文明施工等方面的有针对性的书面交底。

5.3.2 事中控制

（1）在施工中实行"操作挂牌制"，贯彻"谁管生产，谁管质量；谁负责施工，谁负责质量；谁操作，谁保证质量"的原则，落实质量责任到具体的人。

（2）在施工中，认真落实质量"三检制"（自检、互检、专业检）。保证只有质量合格的工序产品才能流转到下一道工序。实行质量一票否决制，质量员对不合格品不予验收。对不合格品的纠正：凡不按图纸、施工规范要求施工，违反施工程序，使用不符合质量要求的原材料、半成品的，出现工序质量不合格的，必须暂停施工并予以纠正。

（3）项目部设置一名内业资料员，专门负责质量记录的控制。

5.3.3 事后控制

（1）按质量评定标准，对已完成的分部分项工程进行质量验收、评定质量等级。

（2）对质量资料收集归档。

（3）在保修阶段，对本工程进行质量保修。

5.4 工程质量责任追究制度

（1）发生下列情况的，对责任人罚款100元/次（项）。

① 完不成公司下达的质量指标的责任人。

② 导致发生重大质量事故的直接责任人。

③ 发生质量事故隐瞒不报的责任人。

④ 对质量问题、质量隐患不及时认真整改的有关责任人。

⑤ 不实事求是地对工程质量进行评定,导致"优质优价"的结算原则不能体现,加大了项目的质量成本的有关责任人。

(2) 出现了下列情况的,对责任人罚款 50 元/次(项)。

① 技术人员不针对特殊工序、关键工序编写作业指导书的。

② 工长在施工前不向作业班组进行书面交底,施工中不对作业班组进行质量全过程监控管理的。

③ 资料员不能保证资料的收集整理与工程同步的,资料的收集不合规定的。

④ 每道工序施工完不成"三检"的班组长、责任工长和质检员。

⑤ 对工序不合格品未及发现的施工班组长、责任工长。

⑥ 导致植物生长不良以致死亡的责任人。

6 确保工期的技术组织措施

根据以往的工作经验,该工程苗木种类虽不多,但换土量相对较大,因此工期较紧。因而合理的进度计划安排、科学周密的组织管理,是此工程按期完工的保证。对施工的全过程进行经常检查、对照、分析,及时发现施工过程中的偏差,采取有效措施,调整进度计划,排除干扰,才能保证工期目标顺利实施。

6.1 组织措施

(1) 组成强有力的项目领导班子,选派一名优秀的项目经理担任本项目经理,并选派一名具有丰富施工经验的专家担任技术负责人。

(2) 项目经理部实施项目法管理,对本工程行使计划、组织、指挥、协调、控制、监督六项职能,并选择能打硬仗、技术水平高、具有同类工程施工经验的施工队伍担负本工程的施工任务。

(3) 建立生产例会制度,每星期召开 2~3 次工程例会,围绕工程的施工制度、工程质量、生产安全等内容检查上一次例会以来的执行情况。

(4) 执行合理的工期、目标奖罚制度。

6.2 技术措施

(1) 采用长计划与短计划相结合的多级网络计划进行施工进度计划控制和管理,并利用计算机技术对网络计划实施动态管理,通过施工网络节点控制目标的实现来保证各控制点工期目标的实现,从而进一步通过各区段工期目标的实现来确保总工期目标的实现。

(2) 采用园林建设新技术,科学合理地组织施工,形成各分部分项工程在时间、空间上充分利用与紧凑搭接,缩短施工周期。

(3) 对可能影响工程进度的因素进行分析,提出对策。根据施工进度优化各项工程的进度安排。严格控制各分项的工期,确保每一项都能如期完成。可采取多段同时施工的方法,保证工期。

6.3 施工进度表

见附表 3-4。

7 确保安全施工的技术组织措施

7.1 建立健全安全生产管理体系

7.1.1 建立安全生产管理组织

建立由项目经理任组长,项目技术负责人任副组长,各专业队长为成员的现场安全生产管理领导小组,设专职安全员一人,安全员有因安全隐患责令停工整顿的权利。

7.1.2 制定安全生产管理制度

执行安全生产交底制度。施工作业前,由组长向施工人员作书面安全生产交底,落实后签字报安全备案。

7.2 主要预防及控制措施

(1) 进入工地的所有人员必须有纪律地进入场地施工,施工现场设置安全警告牌。

(2) 所有机电设备由专人负责操作,并持证上岗,非专业人员不得动用电气设备。供电设备要遮盖严实,经常检修。所有移动设备均须设置漏电保护器。

(3) 现场施工用电要严格遵照《施工现场临时用电安全技术规范》的有关规定及要求进行布置和架设,并定期对闸刀开关、插座及漏电保护器的灵敏度进行常规的安全检查。用电按"三相五线"制架设,现场用电线路及电器安设,由持证电工安装,无证人员不得操作。

(4) 随时取得气象预报资料。根据气象预报,提前做好防风防雨措施,严格按措施执行,并合理安排现场安全施工。

(5) 建立严格的安全例检和不定期抽查检测,建立严格的安全惩罚制度和一票否决制,确保工程安全控制的目标顺利实施。

(6) 对施工人员进行交通安全教育,确保不出交通安全事故。

(7) 严禁在施工工作区互相抛丢材料、工具等物体。作业人员衣着简单,不准穿高跟鞋、拖鞋及赤脚上班,严禁酒后作业。

7.3 安全控制框图

安全控制框图如附图 3-3。

8 确保文明施工的技术组织措施

8.1 文明施工管理目标

达到市文明合格工地。

8.2 保证文明施工措施

(1) 总平面管理设专职工长一名,主要负责整个场地的平面布置、道路畅通、材料堆放

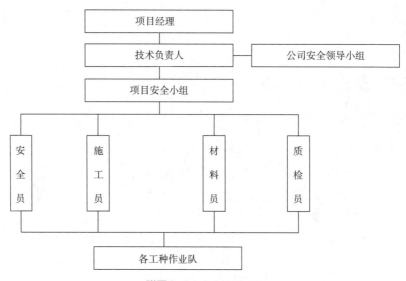

附图3-3 安全控制框图

及环境卫生等。

（2）在主要道口、电气机械设备等处，设文明施工标牌，并在每道工序施工前做好技术、质量、安全和文明施工交底，防患于未然。

（3）统一规划与布置现场用水用电管线，做好现场排水系统，控制污水排放。

（4）施工工地入口处设置施工标识牌，管理人员要佩戴身份证卡。

（5）现场配备专职人员日夜值班，严禁闲杂人员进入施工现场。

（6）执行奖罚制度，做好协调工作。

（7）现场设饮水机，工作餐由公司统一派送，尽量避免现场的安全和污染隐患；现场设置垃圾桶，生活垃圾做到日清日结，并自行清运出场。

（8）竣工前，做好现场清理，只留绿色，不留垃圾。

9 环境保护措施

（1）严格按市有关环保规定，本工程所投入的机械产生的噪声不高于 GB 12523—2011 标准。

（2）派专人进行现场洒水，防止灰尘飞扬，保护周边空气清洁，搞好现场卫生。

（3）施工期间合理地安排作业时间，在夜间避免进行噪声较大（> 55dB）的工作，比如，混凝土的浇筑，尽量安排在白天，不在居民休息时间发出较高的噪声；夜间灯光集中照射，避免灯光扰民。

（4）施工现场采用混凝土浇筑硬质地面，堆放体积大、用量较多的材料，防止灰尘飞扬。

（5）施工过程中，用 200 目 /100cm^2 的安全密目网将建筑物全部密封，以防止施工灰尘的飞扬。

（6）浇筑混凝土石子用水冲洗，并采用公司循环水成套技术，设置冲洗沉淀池。冲洗的泥浆沉淀后，循环使用沉淀水，节约水资源，减少污水污染。

（7）现场的建筑垃圾采用专门的垃圾通道由楼上运下，并及时运离现场，送到指定地点进行堆放；生活污水和施工污水采用专线管道流入城市污水管网。

相关附表、附图如下（附表3-2～附表3-6、附图3-4）。

附表3-2　劳动力安排计划表

黄石站前大道延伸段（金山大道）道路景观绿化　工程　　　　　　　　　　　　　　　单位：人

工种	按工程施工阶段投入劳动力情况				
	施工准备	整理场地	施工期	清场验收期	养护期
普工	6	15	10	3	
泥工	2	2	10	8	4
木工	1		5		
装修工			10	2	
水电工	1		5		
绿化工			18	5	4
修剪工			7	2	2
草坪工			5	2	1
养护工			10	5	5
合计	10	17	80	27	16

注：1. 本计划表是以每班八小时工作制为基础编制的。

2. 生产一线作业人员为公司固定的专业施工队伍，以确保工程质量与进度。

3. 整个工程施工在生产最高峰配备的劳动力达80人，另配备技术人员6人，管理人员4人；如遇抢进度赶工期的突击工作，将及时补充劳动力，并由技术骨干带领作业。

4. 公司承诺凡列入项目经理部名单的所有管理人员和技术人员一律常驻现场，到岗率100%，绝不擅离岗位。

附表3-3　拟投入的主要施工机械设备表

黄石站前大道延伸段（金山大道）道路景观绿化　工程

序号	机械或设备名称	型号规格	数量	国别产地	制造年份	额定功率/kW	生产能力	用于施工部位	备注
1	经纬仪	DJ2	1	上海	2005			施工期	
2	水准仪	DS3	1	上海	2005			施工期	
3	打药机	160H	2	济南	2005			养护期	
4	绿篱修剪机	TS320	4	青岛	2006			施工及养护期	
5	草坪修剪机	SGA33E	2	上海	2006			养护期	
6	洒水车	JF140	1	济南	2002	154或169	100%	施工及养护期	

续表

序号	机械或设备名称	型号规格	数量	国别产地	制造年份	额定功率/kW	生产能力	用于施工部位	备注
7	发电机	EC2500C	1	杭州	2004	3	70%	施工期	
8	福田汽车	BLJ1022	1	安徽	2000		70%	施工期	
9	翻斗车		10	武汉				施工期	
10	抽水机	ZN50	2	重庆	2004	154	90%	施工期	
11	挖掘机	DH60-7	2	韩国	2003	107	90%	施工期	租
12	起重机	TAL-51G	1	山东	2005	118	80%	施工期	租
13	推土机	D185	3	重庆	2004	195	80%	施工期	租
14	空压机	GTR-8	6	徐州	2002	9	80%	施工期	租
15	自卸车	斯太尔	9	济南	2003	30	90%	施工期	租

附表 3-4 施工进度表

单位：天

项目	××××年3月			××××年4月			××××年5月			××××年6月			××××年7月			××××年8月		
	10	20	30	40	50	60	70	80	90	100	110	120	130	140	150	160	170	180
施工准备																		
清理现场																		
平整场地																		
土壤改良及回填																		
给排水安装																		
园路及广场																		
园林小品																		
苗木定植与固定																		
清场																		
竣工验收																		

附表 3-5 施工网络图表

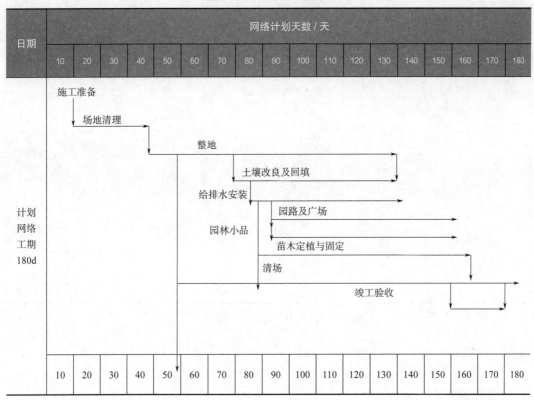

附表 3-6 临时用地表

用 途	面积 /m²	位置	需用时间 / 天						
项目部办公室	20	现场	180						
现场管理点	30	现场	180						
施工机具、机械仓库	70	现场	180						
苗木大棚	150	现场	180						
临时工棚	80	现场	180						
工人宿舍	150	租用附近民房	180						
合计	500								

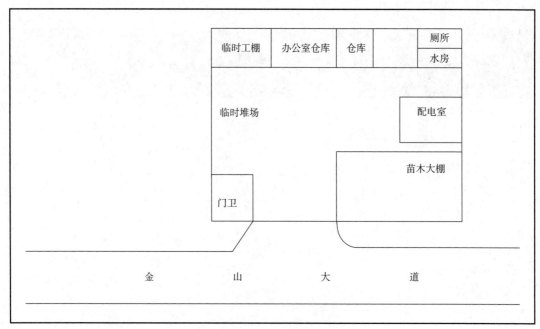

附图3-4 现场施工总平面布置图

参考文献

［1］上海市绿化管理局. 绿化工 [M]. 上海：上海科学技术出版社，2008.
［2］姚金芝. 园林绿化工培训教程 [M]. 石家庄：河北科学技术出版社，2014.
［3］园林绿化工程施工及验收规范. CJJ 82—2012.
［4］张淑英，周业生. 园林工程制图 [M]. 2版北京：高等教育出版社，2015.
［5］房屋建筑制图统一标准. GB/T 50001—2017.
［6］陈其兵. 园林绿地建植与养护 [M]. 重庆：重庆大学出版社，2014.
［7］赵兵. 园林工程 [M]. 南京：东南大学出版社，2011.
［8］崔星，尚云博. 园林工程 [M]. 武汉：武汉大学出版社，2018.
［9］刘玉华. 园林工程 [M]. 北京：高等教育出版社，2015.
［10］苗峰. 园林绿化工程 [M]. 北京：中国建材工业出版社，2013.
［11］易新军，陈盛彬. 园林工程 [M]. 北京：化学工业出版社，2009.
［12］戴琴. 园林绿化施工技术要点与保障措施研究 [J]. 中国建筑装饰装修，2022(04): 60-61.
［13］高鹏，刘亚娟. 园林绿化植物栽培技术要点 [J]. 现代农业研究，2021, 27(10): 86-88.
［14］李永俊. 探讨园林绿化工程土方地形施工技术 [J]. 四川水泥，2021(07): 169-170.
［15］樊尔思. 园林绿化施工及园林绿化植物栽植技术探析 [J]. 农业科技与信息，2021(08): 57-58.
［16］邱文祥，姜雅欣. 园林绿化施工中乔木栽植与养护管理技术 [J]. 现代园艺，2020, 43(18): 179-180.